精准扶贫林果科技明白纸系列丛书

葡 萄

林果科技明白纸系列丛书编委会 编

读者出版传媒股份有限公司
甘肃科学技术出版社

图书在版编目（CIP）数据

葡萄 / 林果科技明白纸系列丛书编委会编. -- 兰州 ：
甘肃科学技术出版社，2018. 4
ISBN 978-7-5424-2568-3

Ⅰ. ①葡… Ⅱ. ①林… Ⅲ. ①葡萄栽培 Ⅳ.
①S663.1

中国版本图书馆CIP数据核字(2018)第045535号

葡萄
林果科技明白纸系列丛书编委会 编

出 版 人 马建东
责任编辑 韩 波(0931-8774536)
封面设计 魏士杰

出 版 甘肃科学技术出版社
社 址 兰州市读者大道568号 730030
网 址 www.gskejipress.com
电 话 0931-8774536 （编辑部） 0931-8773237 （发行部）
京东官方旗舰店 https://mall. jd. com/index-655807.html

发 行 甘肃科学技术出版社 印 刷 甘肃兴业印务有限公司
开 本 889mm×1194mm 1/16 印 张 6.5 字 数 96千
版 次 2018年10月第1版 2018年10月第1次印刷
印 数 3 0001~4 1000
书 号 ISBN 978-7-5424-2568-3
定 价 19.80元

《精准扶贫林果科技明白纸系列丛书》

编 委 会

前　言

为贯彻习近平总书记“着力加强生态环境保护，提高生态文明水平”和“绿水青山，就是金山银山”重要指示要求，结合退耕还林、防护林建设、天然林保护、特色林果产业、自然保护区等重点工程，将做好特色林果产业，确定为生态扶贫、精准扶贫的重点工作。做好特色林果产业发展，不仅可以带动贫困群众增收，更是保护生态的有效抓手。大力整合资源、集中力量、持续推进，极大地调动了农村贫困人口的脱贫积极性，有效提升了贫困群众的脱贫能力，提高了群众的生活质量，改善了人居生态环境。

为进一步满足特色林果产业扶贫的需要，加大特色林果产业扶贫的力度，宣传特色林果品牌，推广先进实用生产技术，我们组织二十多位林果生产一线专家和技术人员，按照指导实践、通俗易懂的原则，从林果产业发展实际出发，紧紧围绕优势林果产业和特色产品，以关键技术和先进实用技术为重点，以通俗易懂的语言，图文并茂的编排和明白纸的形式，编写了一套《精准扶贫林果科技明白纸系列丛书》5册，并邀请科研院所和基层生产一线的林果专家进行了审定。

真诚希望《精准扶贫林果科技明白纸系列丛书》能够为精准扶贫、生态脱贫和特色林果产业的发展提供智力支持，能够为帮助广大果农提升生产水平和脱贫能力，早日实现脱贫致富发挥作用。希望广大林业科技工作者，继续积极推广和普及林果科技先进实用技术，真正让特色林果产业成为精准扶贫工作的抓手和生态保护的利器。

编　者

2018年1月

目 录

鲜食葡萄栽培品种(一)

1.无核白

中晚熟鲜食品种，味道很甜，制干品质优良，也可酿酒。嫩梢绿色，有光泽。幼叶薄，黄绿带橙黄色，叶面有光泽，上、下表面均光滑无绒毛。一年生成熟枝条黄褐色。成龄叶片中等大，圆形，5裂，上侧裂中等深，下侧裂浅，叶片尖端锯齿锐，叶边缘锯齿较钝，叶片薄，黄绿色，两面均平滑，叶柄洼闭合成裂缝形或楔形。卷须间隔性。两性花。

2.无核白鸡心

欧亚种，是由美国加利福尼亚州立大学研究人员于20世纪70年代进行杂交试验，培育而成的一个葡萄品种。中国自1987年引入该品种以来，北方地区除吉林省外，其余各省都进行了引种及栽培，尤其是在东北地区的南部，华北及西北大部分地区栽培表现极好，果实品质优，晚熟，耐贮运。

3.莫丽莎无核

果穗圆锥形，多岐肩，平均穗重500克，最大1000克以上。果粒卵圆形或长圆形，平均粒重5~6克，最大8克。果皮黄白色至金黄色，光亮，果皮中厚，中等韧度，不易与果肉分离。果肉黄白色，硬脆，甜，充分成熟时具有玫瑰香味。含可溶性固形物16%，品质上。

4. 贵妃玫瑰

果实黄绿色，圆形。果粒大，最大粒重11克，平均粒重9克。果穗中等大，最大穗重800克，平均穗重700克，果粒着生紧密，果皮薄，果肉脆，味甜，有浓玫瑰香味。嫩梢绿色，绒毛稀。一年生成熟枝条棕黄色。幼叶绿色，附带淡红色，有光泽。成叶片中等大，心脏形，5裂，叶面呈网状皱，叶背无绒毛，锯齿钝。叶柄洼开张拱形。两性花。

鲜食葡萄栽培品种(二)

1. 红地球

穗长圆锥形，平均穗重500克，最大穗重可达1000~1200克，最大粒重15克。红地球葡萄果皮较厚，果肉脆硬，果粉不易脱落。果梗粗壮，果刷粗而长，果刷维管束与果肉中周缘维管束连成一体，并埋藏于果肉中，果实耐拉力（果粒从果柄上脱开的拉力）强，不易落粒。

2. 巨峰

中熟欧美品种，四倍体，原产日本。以石原早生为母本，森田尼为父本杂交培育。1959年引入中国，并在全国各地大面积推广，成为深受果农欢迎的主栽品种。巨峰葡萄是生产中的主栽品种之一，

适应性强，抗病、抗寒性能好，喜肥水。果实穗大，粒大，平均穗重400~600克，平均果粒重12克左右，最大可达20克。8月下旬成熟，成熟时紫黑色，果皮厚，果粉多，果肉较软，味甜、多汁，有草莓香味，皮、肉和种子易分离，含糖量在16%左右。

3. 夏黑

早熟欧美品种，巨峰后代，原产于日本。由日本山梨县果树试验场以巨峰和二倍体无核白杂交育成，1997年8月获得品种登记，1998年引入中国。果穗圆锥形或有歧肩，果穗大，平均穗重420克左右，果穗大小整齐，果粒着生紧密。果粒近圆形，自然粒重3.5克左右，经赤霉素

处理后可达7.5克，果皮紫黑色，果实容易着色且上色一致，成熟一致。果粉厚，果皮厚而脆。果肉硬脆，无肉囊，果汁紫红色，可溶性固形物含量20%左右，有较浓的草莓香味，无核，品质优良。

4.醉人香

醉人香，果穗圆锥形，平均穗重700克，果粒卵圆形，平均单果重9克，最大单果重11克。果面淡玫瑰红至鲜红色，非常漂亮。果皮易剥离，有肉囊，果肉黄绿色，多汁，可溶性固形物含量20%左右，浓甜爽口。具有草莓香、玫瑰香兼酒香的复合香型品种，香味浓郁，品质极佳。醉人香生长势强，早果、丰产、坐果率高，易成花、易管理，果实商品性状优异。当年定植壮苗，第二年可结果，第三年亩产1500~2000千克。

酿酒葡萄栽培品种

1.赤霞珠

果穗小，平均穗重165.2克，圆锥形。果粒着生中等密度，平均粒重1.9克，圆形，紫黑色，有青草味，可溶性固形物含量16.3%~17.4%，含酸量0.56%。赤霞珠颜色深，有黑醋栗，黑樱桃味道。嫩梢尖钩状，密布白色绵毛，边缘红色。幼叶酒红色，皱泡。成叶圆形，中大，深绿色裂片极多。叶面呈细泡状，叶背有稀疏丝毛。

2.品丽珠

果穗中等大小，圆锥形，果穗长约15厘米，宽10厘米，平均穗重约200克，果粒着生紧密，成熟不大一致，有小青粒；果粒小，单粒重2克，圆形，紫黑色，果粉厚，果汁多，含糖量19%，含酸量0.78%，出汁率70%。嫩梢绿色，密被绒毛，幼枝上有浅红色条纹；幼叶绿色，叶表面有光泽，附有浅红色，叶缘酒红色，叶背有绒毛；成龄叶片中大，心脏形，5

裂，裂刻深，叶缘锯齿锐，叶片上表面粗糙呈小泡状，叶背面有绒毛，叶缘明显向下翻卷。

3.蛇龙珠

果穗圆柱形或圆锥形，紧密，重230克以上。果粒圆形，百粒重210克左右。果皮厚，紫红色。味甜多汁，可溶性固形物含量17.8%~19.5%，含酸量0.6%~0.8%。果肉为青色带有青草的味道。

4.黑比诺

黑比诺葡萄为早熟品种、酿制优质葡萄酒的世界名种。酿制的红葡萄酒，色美、质优。黑比诺是一个薄皮的红葡萄品种，酿造的葡萄酒颜色较浅，单宁含量由低到高分布，比较容易饮用，而且黑比诺可以在任何年龄阶段饮用。黑比诺对于种植环境非常挑剔，喜欢温和或冷凉的气候，酿造的葡萄酒十分柔和温淡、优雅细腻，具有不浓不淡的果香、花香和橡木香。

制汁葡萄栽培品种

1. 康克

果穗小，平均穗重200克左右，果粒着生中等紧密。果粒中等大，近圆形，黑紫色，平均粒重3克。皮较薄，皮下有紫红色素，有内囊，多汁，草莓香味浓郁，味酸甜。含糖量140~160克/升，含酸量6.5~8.0克/升，出汁率65%。嫩梢绿色，附带紫红色，有绒毛。幼叶绿色，叶面有光泽，有稀疏绒毛，叶背绒毛浓密。成叶片大，心脏形，全缘或浅3裂。叶面光滑，无绒毛，叶背密生红褐色毡状毛。叶缘下翻。叶柄洼宽拱形。两性花。

2. 康拜尔

果穗中等大，平均穗长20厘米，宽12厘米，平均穗重330克，长圆锥形，带副穗；果粒着生中等紧密，大小中等，纵径20.6毫米，横径19.5毫米，平均粒重4.2克，有浓郁的草莓香味。嫩梢绿色，有绒毛。成熟枝条红褐色。幼叶厚，黄绿色带红色，叶两面均密被绒毛，表面有光泽。成龄叶片大而厚，心脏形，微红色。

葡萄砧木品种

1. 山葡萄

小枝圆柱形，无毛，嫩枝疏被蛛丝状绒毛。叶阔卵圆形，长6~24厘米，宽5~21厘米；叶柄长4~14厘米，山葡萄对土壤条件的要求不严，多种土壤都能生长良好。但是，以排水良好、土层深厚的土壤最佳。山葡萄的特点是耐旱怕涝。抗病、抗寒、抗湿力强，是优良的抗寒砧木，在野生环境中具有很强生长能力。

2.5BB

西欧品种群。嫩梢尖弯钩状，多茸毛，边缘桃红色。幼叶古铜色，被丝毛。成叶大，全缘，主脉齿长，边缘上卷，叶柄有毛，叶背几乎无毛，锯齿拱圆宽扁。

3.SO4

西欧品种群。嫩梢尖茸毛白色，边缘桃红色。幼叶丝毛，绿带古铜色。叶柄洼幼叶时呈V形，成叶后变U形，基脉处桃红色，叶柄及叶脉被短绒毛。成熟枝条深褐色，多棱，无毛，节不显，芽小而尖。

4. 贝达

果穗较小，平均穗重142克，圆柱形

或圆锥形，副穗小。果粒着生较紧密，平均粒重1.75克，近圆形，紫黑色，皮较薄，味酸，有草莓香味，可溶性固形物含量15.5%，含酸量2.6%，出汁率77.4%，生食品质不佳。东北个别地方用它配制红葡萄酒，陈酿后品质尚可。嫩梢绿色，有粉红附加色，有稀疏灰白色绒毛。成龄叶片较大，叶片较薄，全缘或3浅裂，叶面较光滑，叶背有稀疏的灰白色短绒毛，叶缘锯齿较锐，叶柄洼矢形。卷须间隔性。两性花。

5.3309C

嫩梢尖光滑无毛，绿色光亮。幼叶光亮，叶柄洼V形。成叶柄洼变U形,叶背仅脉上有少量柔毛，锯齿拱圆形，中大，叶柄短。成熟枝条紫红色，芽小而尖。

6.1103P

树势强，较为适合鲜度石灰质土壤。对干燥和湿气都有抵抗力。干燥时有充分坚实的耐盐性。幼叶光洁无毛，黄铜色。叶脉紫色且上面有绒毛；叶柄洼呈开张的“U”型，基部常裸露。新梢顶端有网格，梢上有棱纹，浅紫色；节间长，芽小而尖。能适应极干旱条件，较抗旱，抗盐。

7.140-R

对葡萄的全体生长周期有略延长的倾向。梢尖有网纹，边缘玫瑰红。幼叶灰绿色，有光泽。新梢有棱纹，浅紫色，绒毛稀少。对石灰性土壤抗性优异，抗根瘤蚜，但可能在叶片上携带有虫瘿。插条生根困难，田间嫁接良好。

8.110-R

对干燥有极高耐性。适宜于高密度、深度不大的石灰质黏土土壤。树势中庸，可促进结实，使地中海沿岸地域葡萄成熟良好成为可能。梢尖有网纹，边缘红色，梢尖浅红色，平展。幼叶深黄铜色有网纹，有光泽，有泡状突起。新梢棱纹极明显，光洁无毛，顶端红色。枝蔓有棱纹，光洁无毛，深红赭色至灰褐色，节间长，芽小，拱形。抗根瘤蚜、抗旱、抗石灰性土壤。

葡萄压条育苗技术

压条是将枝条在不与母株分离的状态下包埋于生根介质中，待不定根产生后与母株分离而成为独立新植株的营养繁殖方法，通常用于扦插不易生根的树种和品种。

1.新梢压条法

待新梢长至1米左右时，进行摘心并水平引缚，促使发生副梢。副梢长约20厘米时，将新梢平压于深约15~20厘米的沟中，填土10厘米左右，待副梢半本质化，长50~60厘米时，再将沟填平。夏季对压条的副梢进行支架和摘心，秋季掘起压下的枝条，分割为若干带根的苗木。

2.一年生枝压条法

春季萌芽前，将母株基部留作压条的一年生枝平放或平缚；待其上萌发新梢高15~20厘米时，再将母枝平压于沟中，露出新梢（如不易生根的品种，在压条前先将母枝的每一节进行环割或环剥，以促进生根）；压条后，先浅覆土，待新梢半木质化后逐渐培土，以增加不定根数量；秋后将压下的枝条挖起，分割为若干带根的苗。

3. 多年生蔓压条法

在葡萄产区，也可用压老蔓方法更新葡萄园和繁殖苗木。压老蔓多在秋季修剪进行。先开挖20~25厘米深沟，将老蔓平压沟中，其上1~2年生枝蔓露出沟面，再培土越冬。在更新过程中分2、3次切断老蔓，促使发生新根。秋后取出老蔓，分割为独立的带根苗 。

4. 空中压条

空中压条是在树干上通过悬挂装土容器将枝条包埋的一种压条方法。优点是适用期长，范围广，从萌芽前到萌芽后，甚至开花后进入了幼果期都可以进行。

葡萄绿枝嫁接育苗技术

1. 嫁接前准备

嫁接前2~3天浇透水，增强树液流动；将砧木上的副梢全部抹去。

2. 嫁接时间

一般在6月份进行，砧木与接穗刚刚半木质化。

3. 使用工具及材料

单面刀片，绑扎带，修枝剪，水桶等。

4. 嫁接

用刀片削好接穗，削口要平，削面长度为2厘米。将砧木留2~3片叶剪断，剪断部位半木质化，从中间劈开，劈口略短于削面长度。将接穗插入劈口，露出1~2毫米(露白)，让形成层一面对齐，用绑扎带包扎紧实。

5. 嫁接成活率的因素

（1）嫁接的亲和力

（2）嫁接技术

（3）嫁接时期

（4）嫁接后的管理

葡萄硬枝嫁接绿枝育苗技术

葡萄硬枝嫁接绿枝技术是指将前一年保存的硬枝接穗嫁接到当年生长的绿枝砧木上的一种育苗技术。

1. 嫁接时间

一般在6月中下旬进行，砧木生长呈现半木质化。

2. 接穗采集

接穗一般在前一年结合冬季修剪进行采集后低温贮藏。

3. 使用工具及材料

削穗刀，绑扎带，修枝剪，水盆，水桶等。

4. 嫁接

将接穗解冻后进行浸泡吸水，用削穗刀将接穗削成楔形，削面长度2~3厘米，削口平整。

砧木待半木质化后离地面20~30厘米处切截，从中间劈开，劈口略短于削面长度。将接穗插入劈口，让形成层一面对齐，用绑扎带包扎紧实。

葡萄园规划

1. 葡萄园选址

宜选择地形开阔，光照充足，交通方便，灌溉条件良好及排水畅通，土壤深厚的壤土、沙壤土地带建园。适宜葡萄栽培地区最暖月份的平均温度在16.6℃以上，最冷的月份平均气温应该在 -1.1℃以上，年平均温度8℃~18℃；无霜期120天以上；年日照时数2000小时以上。

2. 葡萄园规划

葡萄园应根据面积、自然条件和架式等进行规划。葡萄园的规划要适应产业化的要求，建成专业社、专业村或几个村连片，利于标准化生产和规模化经营。

（1）栽植区

根据地形坡向和坡度划分若干栽植区（作业区），栽植区宜建成长方形，长边与行向必须南北向，以利于排灌和机械作业。

（2）道路系统

根据园地总面积的大小和地形地势，决定道路等级。主道路应贯穿葡萄园的中心部分，面积小的设一条，面积大的可纵横交叉，把整个园分割成4、6、8个大区。支道设在作业区边界，一般与主道垂直。作业区内设作业道，与支道连接，是临时性道路，可利用葡萄行间空地。主道和支道是固定道路，路基和路面应牢固耐用。

（3） 排灌系统

葡萄园应有良好的水源保证，无天然水源时，宜5~10亩规划一口蓄水池。作好总灌渠、支渠和灌水沟三级灌溉系统（面积较小也可设灌渠和灌水沟二级），按5‰比降设计各级渠道的高程，即总渠高于支渠，支渠高于灌水沟，使水能在渠道中自流灌溉。排水系统也分小排水沟、中排水沟和总排水沟三级，但高程差是由小沟往大沟逐渐降低。排灌渠道应与道路系统密切结合，一般设在道路两侧。

（4）管理用房

包括办公室、库房、生活用房、畜舍等，修建在果园中心或一旁，由主道与外界公路相连。占地面积2%~3%。

（5）肥源

为保证每年有充足的肥料，葡萄园必须有充足肥源。可在园内设绿肥基地，养猪、鸡、牛、羊等积粪肥。按每亩施农家肥5000千克设计肥源。

（6） 防护林

防护林应该适应当地环境条件能力强，尽可能用乡土树种；生长迅速，枝叶繁茂；抗逆性强；与果树无共同病虫害，也不是中间寄主。

葡萄定植技术

1. 栽植时间

一般选择春季定植。

2. 定植沟的准备

沿着行向挖通长的定植沟，深度和宽度各80厘米以上，地下水位低或砂性较强的土壤可稍加大深度。每亩施入5000千克有机肥。

3. 苗木准备

选枝条粗度适中、芽眼饱满、根系发达、无明显病虫害的葡萄苗。栽植前先用清水将苗木浸泡1天。定植前修剪根系，细根短留，长根长留，将根系剪出新伤口。同时，将一年生枝条用3~5波美度石硫合剂浸蘸消毒。

4. 定植

以苗木的根颈部与地面相平或嫁接苗接口处稍高于地表为准。栽植时将根系水平方向撑开并摆布均匀，回填踩实并灌透水。

5. 定植后覆膜

一般定植后覆盖黑色地膜。

葡萄标准化建园技术

1. 园地选择与规划

山地果园与平地果园对土地的利用不同，山地果园一般以等高梯田为一个小区，平地果园一般以长方形为一个小区，小区面积为80~100亩。

2. 品种选择

结合气候、土壤特点和品种特性（成熟期、抗逆性和采收时能达到的品质等），同时考虑市场、交通和社会经济等综合因素制定品种选择方案。最主要考虑葡萄生长期的有效积温，早中晚熟品种对积温的要求不同，如图所示。

品种特征	有效积温（℃）	活动积温（℃）
特早熟品种	＜1400	2100~2500
早熟品种	1400~1700	2500~2900
中熟品种	1700~2000	2900~3300
晚熟品种	2000~2200	3300~3700
极其晚熟品种	＞2200	＞3700

3. 架型选择

根据品种特性、气候特点以及当地栽植习惯来确定。可根据需要选择棚架、小棚架、单干双臂篱架、高宽垂“T”型架、双“十”字V形架和“V”型水平架等。

葡萄日光温室延后栽植技术

在年平均温度-2℃~9℃的地区(巳大面积应用)，通过设施环境调控，使种植葡萄延晚萌芽、延长新梢生长、开花、叶、果发育等各阶段的生育期，最终使果实晚成熟、晚采收的一种设施保护条件下的综合栽培和调控技术。鲜果采摘期一般在12月至翌年2月。

1. 土壤改良

要求土质疏松肥沃，排水良好，以沙壤土最佳，不适宜黏重土壤。土层厚度1米以上，pH值低于8.0，总盐含量低于0.3%，地下水位低于1.5米，表层有机质含量不低于l%。

2. 产期调控

日光温室延后栽培一般选择晚熟品种，如红地球、克瑞森无核、红宝石、秋黑、意大利等。根据栽植地积温和年平均温度，依次选择适宜的产期，如表所示。

年均温度℃	升温	花期	采收	降温	休眠
9.5~8.4	5月初	6月中	12月中	12月中	1~4月中
8.4~7.0	5月上	6月下	12月下	12月下	1~4月底
7.0~4.5	5月中	7月初	1月中	1月下	2~5月上
4.5~2.0	5月中	7月上	1月下	2月上	2~5月上
2.0~1.0	5月中	7月中	2月中	2月底	2~5月上

3 . 设施内温度的控制

（1） 定植后温度控制

在葡萄苗栽植后前5天，温度控制在10℃；逐渐增加温度，等温度在20℃芽体全部变绿，必须全部卷帘，卷帘后用通风口来调节温度、湿度，将温度控制在25℃左右。连续5天棚外的夜间温度在12℃以上，就可以揭去棚膜，露地生长。

（2）秋季温度管理

当最低气温在7℃~8℃，要及时扣棚膜。白天棚内温度保持在20℃~25℃，夜间温度保持在15℃~18℃。中午，当温度超过28℃时，要注意打开上下通风口降温，夜间下风口要关闭。处于果实着色至采收期的大棚，白天棚温不高于30℃，夜间12℃~15℃，拉大昼夜温差，促进果实着色和糖分积累。

（3）休眠前后的管理

①休眠前降温措施

休眠前不能采取突然降温，也不能采取用花帘降温的方法，要保证冬季仅有的光照。期间将老叶、病叶全部摘除，促进枝条老化。降温用三周时间缓慢降温。早晨揭帘提前半小时，下午放帘推迟半小时。

第一周，白天温度控制在20℃~25℃，夜间7℃~8℃；

第二周，白天温度控制在15℃~20℃，夜间5℃~6℃；

第三周，白天温度控制在10℃~15℃，夜间2℃~3℃。

②休眠期温度控制

棚口温度最低要在-1℃以上，棚中间温度保证在2℃~3℃，当温度降到-2℃时，中午拉帘进行升温。葡萄休眠后期，推广冷热空气置换技术，延迟葡萄发芽。

4. 设施内湿度的控制

萌芽至花序伸出期，棚内相对空气湿度应控制在85%左右；花序伸出后，棚内相对空气湿度应控制在70%左右；开花至坐果，棚内相对空气湿度应控制在65%~70%左右；坐果后，棚内相对空气湿度应控制在75%~80%左右。

5. 病虫害防控技术

设施栽培中出现的霜霉、灰霉、白粉等病虫害要按照葡萄无公害管理技术防治。

葡萄夏季整形修剪技术

葡萄夏季修剪，可以及时调节营养生长与结果的关系，改善树体的通风透光条件，促进果穗和果粒充分发育，有利于枝蔓生长充实和促进花芽分化，并为来年丰产、稳产打下基础。从春季萌芽至落叶的整个期间都可以进行。在技术上要做到以下几点。

1. 抹芽

抹芽可以保证架面通风透光，促进枝蔓、花、果的充分发育和成熟。留下健壮的、位置好的芽，而将无用芽用手除掉。抹芽多在新梢开始生长至展叶前进行。应抹去弱芽、过密芽、老蔓上萌发的无用的

隐芽。1节上萌发2~3个芽时，留主芽去副芽。

2. 绑新梢

当新梢长到30~40厘米时，将其绑在架上，注意摆布均匀，以利于通风透光和避免被风吹断，可留1/3新梢不绑，任其向上生长。随着新梢生长，绑3~4次。

3. 摘心

摘心是保花保果必不可少的措施，摘心方法：一般于初花至盛花期进行，葡萄开花前5~6天，在结果枝的花序以上留6~8个叶后，进行摘心；主蔓延长蔓生长到16~20片、预备蔓生长到8~10片叶时进行摘心。副梢果穗以下全部摘除，果穗

以上留一片叶后摘心。

4. 去卷须

整个生长过程中，及时除去卷须。卷须（即水杈）不除去，将给以后的新梢引缚、冬剪和上下架等操作带来不便，同时又消耗大量的养分，故宜全部去掉。

5. 疏枝

新枝萌生后，根据长势强弱与花序好坏，将无果穗发育枝、隐芽枝以及过弱过密的嫩枝及时摘除。除将结果蔓全部留下外，根据架面疏密程度，还要留一定数量的发育蔓。干旱地区为保证一定的生长量，有时需去掉一部分枝蔓。

葡萄冬季整形修剪技术

1. 冬剪的时间

要结合本地区的气候环境来确定冬剪的时间。不同区域冬剪时间不同。一般说来，埋土防寒区，葡萄树落叶后1~2周内，其体内贮藏的养分从成熟新梢向老蔓及根部流转。因此冬剪时期以落叶后10~15天到翌年春伤流期前1个月为宜。

2. 修剪长度

葡萄修剪时对花芽着生部位较高的品种，一般多采用中短梢混合修剪；对花芽着生部位较低的品种，可采用短梢修剪；如果为了扩大结果部位，可采用中、短梢混合修剪。如果为了稳定结果部位，防止结果部位的迅速上升和外移，则采用短梢修剪。一般短梢修剪留2~3个芽，中梢修剪留4~6个芽，长梢修剪7个以上芽。

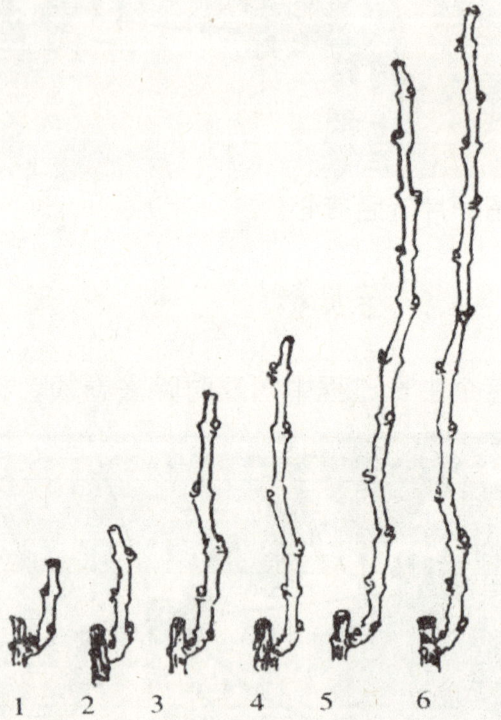

不同长度修剪
1. 短梢修剪　2、3. 中梢修剪
4、5. 长梢修剪　6. 极长梢修剪

3. 修剪方法

结果母蔓的剪留长度应依据品种的结

果习性、整枝方式、树势强弱、新梢生长和成熟状况、枝蔓疏密及粗细、立地条件、栽培技术等实际确定。修剪顺序，从干到蔓、从主到侧，后结果枝，疏枝→回缩→短截。

葡萄疏花疏果技术

葡萄开花结果期间，适时进行适度的疏花疏果，不仅可促进葡萄果粒大小均匀，着色好，穗型整齐，成熟一致，而且还可提高葡萄商品质量和销售价格，是一项简便、易行的增产增收措施。葡萄的疏果方法主要有：

1. 疏花序

掐尖时间在开花前一个星期为宜，到了开花期应结束。首先掐掉副穗，接着把主轴上的支轴掐掉4~5个，留下4~15个支轴，然后再掐去穗尖。穗轴太长的要掐掉。花序较多时，一个结果枝留下1~2个花序，然后掐尖，既省工省力又不浪费养分。

2. 疏果

疏粒的方法是把无核果和小果粒疏去，留下大的、个头均匀一致的果粒。个别突出的大粒因着色差也应疏去。

为使果粒排列整齐美观，宜选留果穗外部的果粒。大果穗每隔一个支轴间掉一个，这样整好穗形后再疏粒，效率较高。一个支轴上留的粒数，按品种不同应有所区别。一般巨峰葡萄每穗留存30~35粒，藤稔葡萄每穗留25~30粒。通过限制果粒数，使果穗大小符合所要求的标准，果形、果粒匀整，提高商品性能。

3. 花序整理

花序整理是疏除花序中的各级穗轴分枝（小穗）。对掐穗尖和花序整形，以在花前一周内进行为宜。过晚坐果的效果差；过早的，花序不够伸展，整形不方便。掐穗尖的程度，根据许多地区的经验，对玫瑰香、巨峰葡萄，一般掐去花序长度的1/4~1/5左右。

葡萄套袋技术

1.果袋选择

选用葡萄专用育果纸袋，袋口附扎丝，袋底两侧各有一个通气孔，规格与葡萄品种特性和穗形大小相适应。果袋纸张质量应符合GB 19341的规定。套袋前1~2天将果袋置潮湿处，使其返潮、柔韧。

2.套袋时期

套袋一般在花后20天，即生理落果后进行。

3.套袋时间

葡萄套袋在晴天进行，并避开露水和高温时段。如遇连雨天，应待天晴后天气稳定2~3天再行套袋。

4.套袋

实行全园套袋。一只手托住果袋，另一只手撑开袋口，使袋体膨起、袋底两角通气放水孔张开。手执袋口下2厘米~3厘米处，袋口向上套入果穗，使果柄置于果袋柄口的基部。从袋口两侧依次按“折扇”方式折叠袋口，用扎丝扎紧袋口于折叠处（从连接点处撕开，将扎丝返转90°，沿袋口旋转1周，扎紧），使幼穗处于袋体中央，在袋内悬空。

5. 除袋

（1）除袋时期

黄色品种、白色品种和易着色的品种，可在果实采收前3~4天除袋。其他品种一般在果实采收前10~15天除袋。果实着色至成熟期昼夜温差较大的地区，可延迟除袋或不除袋，以免着色过度。果实着色至成熟期昼夜温差较小的地区，可适当提前除袋，以免果实着色不良。

（2）除袋

除袋前，先打开果袋底部，5~7天后再将果袋全部摘除。

葡萄园水分管理技术

1. 萌芽期

需水较多，要浇透水。

2. 开花期

要求空气干燥，地下暂时停止灌水。

3. 坐果后

新梢和幼果生长均需水，可小水勤灌，10天一次。

4. 果实膨大期

需水量较大，可灌透水1~2次。

5. 果实着色期

一直到采收前，一般停止灌水。

6. 落叶修剪后

灌一次越冬水。

葡萄夏季追肥技术

葡萄生长量大，是一个喜肥作物，需高水肥管理。葡萄在整个生长与结实过程中，既需氮、磷、钾等常量元素，也需硼、镁、铁、锌等微量元素。这些营养元素不仅由根系从土壤中吸收，同时也由叶面喷肥补充树体营养。葡萄夏季施肥包括追肥和叶片喷肥。

1. 追肥

根据葡萄生长时期进行追肥，分别在萌芽前、花后果实膨大期、果实开始着色、采收后进行，前期以N肥为主，后期以P、K肥为主，主要结合水肥一体化进行。

2. 叶面肥

叶面追肥是在农业生产中经常采用的一种快速有效的施肥方法；优点是用量少、肥效高，是在喷药的同时顺便进行的，不需投入专门的人工。但喷施时有严格的技术要求，一是要求所喷叶肥必为优质叶肥；二是浓度要准，不能随意喷；三是时间要对，做到高温天气勿喷、有露水勿喷；否则极易产生肥害（烧叶和损害果面）。

葡萄秋季施肥技术

1.时间

秋施基肥的时间为9月中旬至10月中下旬，以早为好。一般说来，早中熟葡萄在采收之后即可施入，晚熟葡萄在采收前即可施入，最晚在10月上旬施完为好。此时施入基肥，可大大提高光合作用和增加植株有机质的贮存，对翌年的树势、果品产量和质量极为有利。在开沟施肥时，难免铲断一些根系。秋施基肥正处根系生长的最后一个高峰。此时气温一般在12℃~15℃，是根系生长的最佳温度，施肥后受伤根系很快就会愈合且会发生多个新根。这些新根对翌年早春营养的吸收起着重要作用。另外，秋施基肥，此时雨水较多，水源较足，可避免因施肥而造成的土壤失水。

2.方法

秋施基肥的方法：施有机肥不少于5000千克，并依据肥的质量酌情增减。每100千克有机肥加入1~3千克过磷酸钙。

（1）撒施：此法在老葡萄园常用，即将基肥普撒于葡萄行间，然后耕翻，此法的优点是省工省时，受肥面广。缺点是施肥过浅，肥量需加大。

（2）沟施：在定植沟两侧挖沟施肥，沟应距植株40~50厘米，以见少量根为宜，若见不到根，表明施肥沟距植株太远；若见根过多，则伤根多，表明距植株太近。施肥沟长约40厘米，宽约30厘米，将粪混合施入沟内，然后灌透水。

3. 注意事项

（1）避免伤害粗根；（2）施肥后一定要浇一次透水；（3）定施肥量；（4）棚架施肥，要沿藤蔓生长方向逐年由里向外开沟施肥；（5）根据园中土壤的含肥情况，酌加缺乏的元素，特别是一些中微量元素；（6）基肥一定要腐熟后施。

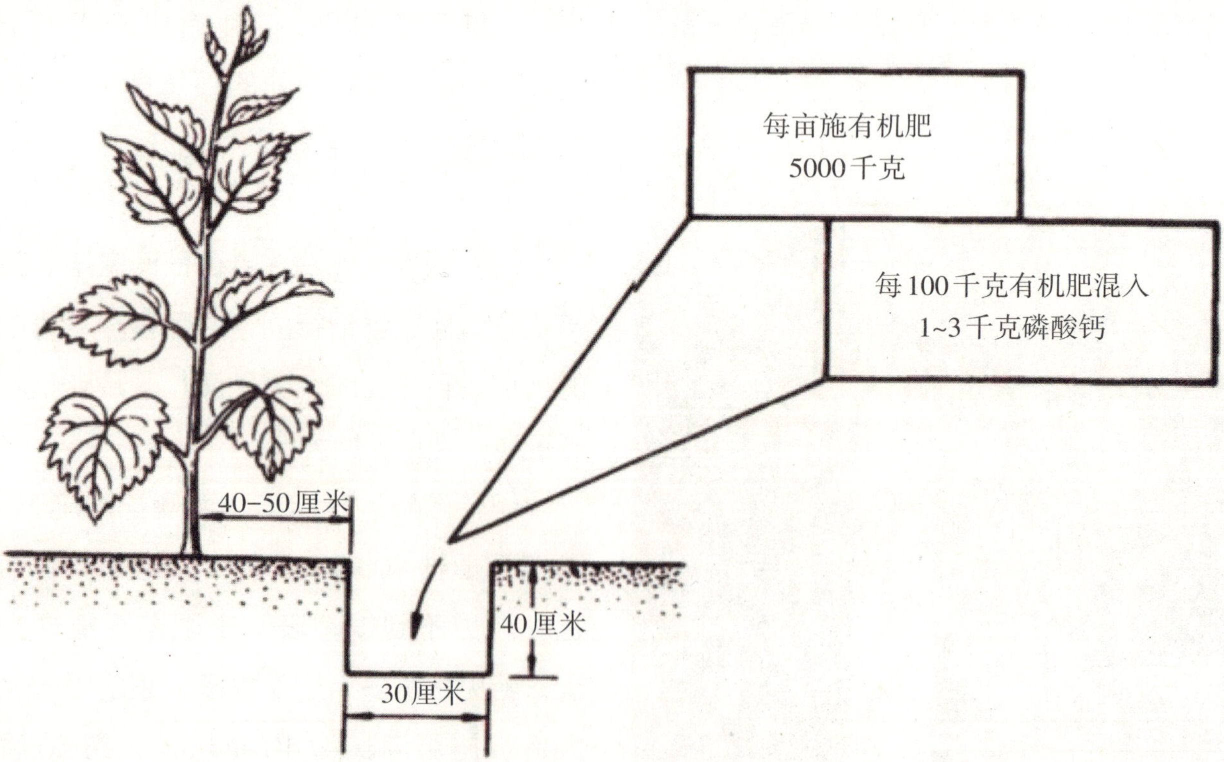

葡萄覆盖栽培技术

1. 地膜覆盖

黑色地膜覆盖比白色地膜的保水能力高4%~10%，从而能使被覆盖泥土的土温日变化辐度小；抑制杂草生长，有效防治病害。一般于4月中下旬开始，顺葡萄行起垄，中间高，两旁低，用铁耙耥平，在树体两侧各倾斜覆盖80厘米宽的地膜，并用土压实防风。土壤黏重的还要在垄面上撒一层细沙，防止板结。在葡萄成熟和销售结束后，要及时把地膜揭去，以利于地面阳光杀菌，并带出果园深埋或焚烧。

2. 生草覆盖

葡萄园覆草还田技术是最经济、最有效、最现实的培肥地力的途径，可避免中耕锄草和施基肥过程，提高了经济

效益。

3. 地布覆盖

园艺地布是由抗紫外线的聚丙烯扁丝编织而成的一种布状材料，一般使用年限在三年以上，可广泛应用于葡萄园地面覆盖，不但可防治杂草生长，而且可保水、保肥、防治病虫害的滋生，同时还可使果园清洁，采果时不粘泥土，提升采摘环境。

葡萄采收技术

1.采前管理

修剪果穗，首先去软尖，剪去果穗最下端1/4~1/3部分甜度低、味酸、多汁、柔软和易失水的果粒。其次疏粒，疏掉不易成熟、品质差、糖度低的青粒、小粒、伤粒和病粒。为了提高糖度和耐储性，采前1个月主要以施磷、钾肥为主。在果实开始着色时，每隔10~15天喷1次800倍的退菌特，或600~800倍的多菌灵，或800~1000倍的赛欧塞。为了提高品质和耐储性，在采前15天内停止浇水，并及时排除雨水。为了防止在储藏过程中落粒和果柄干缩，在采前15~45天可喷2000~4000毫克/千克的比久，在采前15天喷60~100毫克/千克的青鲜素，或在采前3天喷50~100毫克/千克的萘乙酸加1毫克/千克的青霉素。

2.采收标准

要根据用途适时采收。鲜食品种，要根据市场需求决定采收时期。一般市场供应鲜果，果实色泽鲜艳，糖酸比适宜,口感好，即成熟度8成左右即可采收，果实有弹性，耐贮运。酿酒用的品种，由于酿造不同酒种，对原料的糖、酸、pH值等要

求不同，其采收期也不同。

3.采收时间

在气候和生产条件允许的情况下，应尽可能推迟采收时间。选择天气晴朗、气温较低的上午或傍晚采收，阴雨、大雾天都不宜采收。

4.采收方法

采收时用剪刀剪下果穗后，对果穗进行修剪，然后将果穗平放在衬有3~4层纸的箱或筐中。容器要浅而小，以能放5~10千克为度，果穗装满后盖纸预冷。另外已根据酿制葡萄品种、种植行距设计出相应的葡萄收获机包括修剪器、预修剪工具、修枝剪或喷药装置，以满足葡萄种植者在不同季节的不同工作需要。

葡萄常见树形和架形

1. 常见树形

（1）龙干形

独龙干形整形：一株留一个主蔓，结果母枝呈龙爪状均匀分布于主蔓两侧。独龙干整形在密植条件下更加显示出容易掌握和早期产量上升较快的特点；多龙干整形：由地面发出几条主干（龙干），而在架顶龙干上每隔20~30厘米配备一个结果母枝形成龙爪。

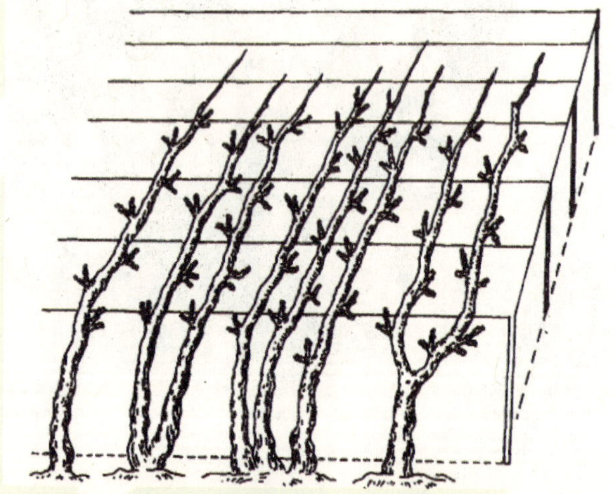

（2）多主蔓扇形

植株具有较多主蔓，主蔓上着生枝组和结果母枝，大型扇形的主蔓上还可以分生侧蔓，主蔓的数量一般为4~6个或更多，在架面上呈现扇形分布，所以称为多主蔓扇形整形。无主干就是从地面之间培养主蔓，便于下架防寒。

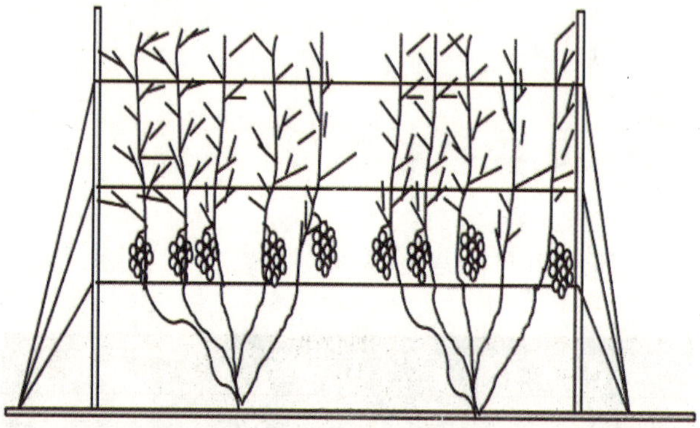

（3）X树形

该树形是日本水平连棚架上普遍采用的葡萄树形。根据园地地形、地势的不同，可分成平坦地主蔓均衡X形、缓坟地主蔓不均衡X形、陡坡地双主蔓半X形。平坦地主蔓均衡X形整枝，已在中国江苏省镇江市被广泛应用。

（4）H 形

该树形整形规范，修建简单，结果部位整齐，新梢超过架面 30 厘米时摘心，并引缚于架面铁丝上。在这新梢上选一强势副梢，待其长到 30 厘米时摘心。培养 4 个平行主蔓，当 4 个主蔓超过 40 厘米时，将其绑缚于内侧两道铁丝上，使在架面上呈 H 形分布。主蔓培养完成后，在其上每隔 20~25 厘米配置一结果枝组。

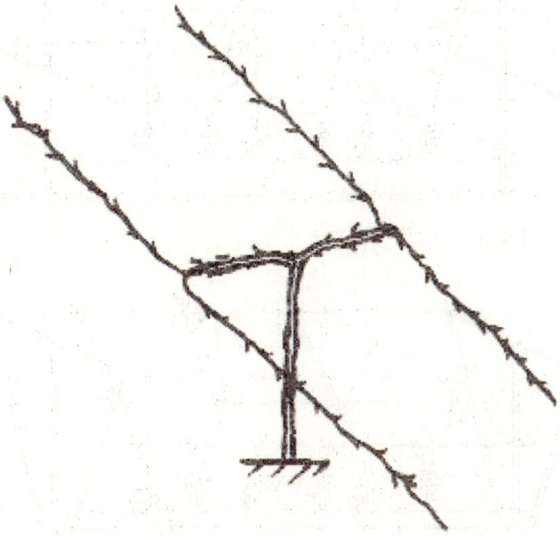

2. 常见架型

(1)单臂立架

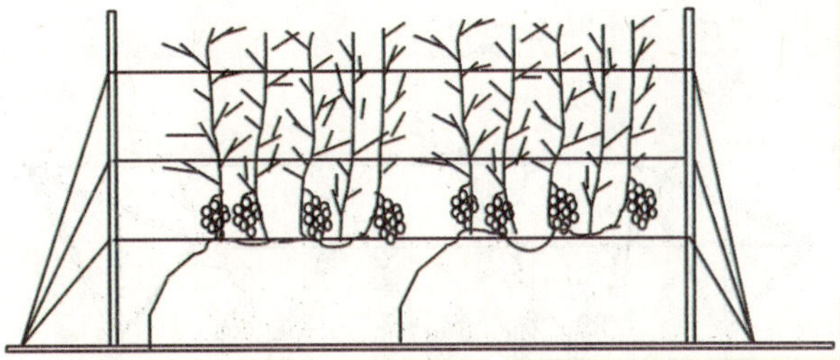

（2）棚架

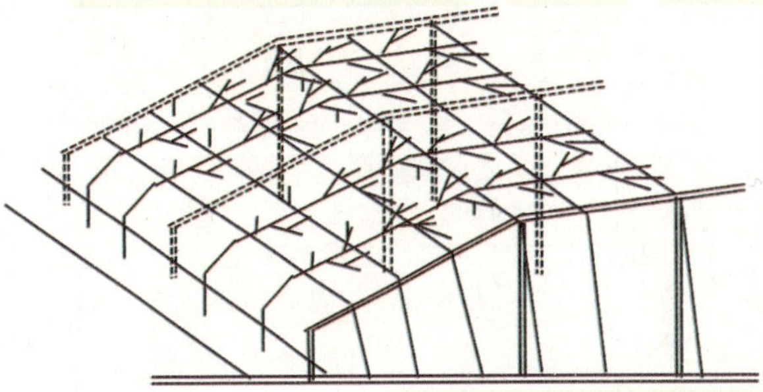

（3）水平棚架

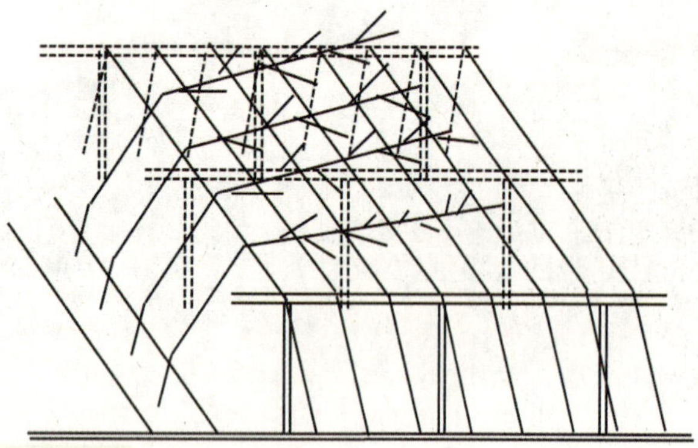

（4）“Y”形架

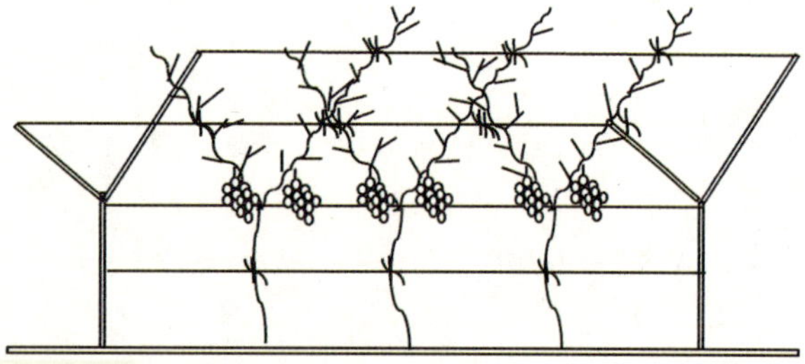

（5）“T”形架

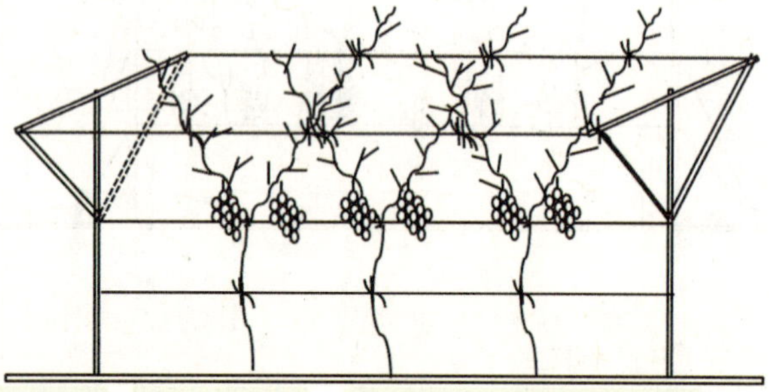

（6）“干”形架

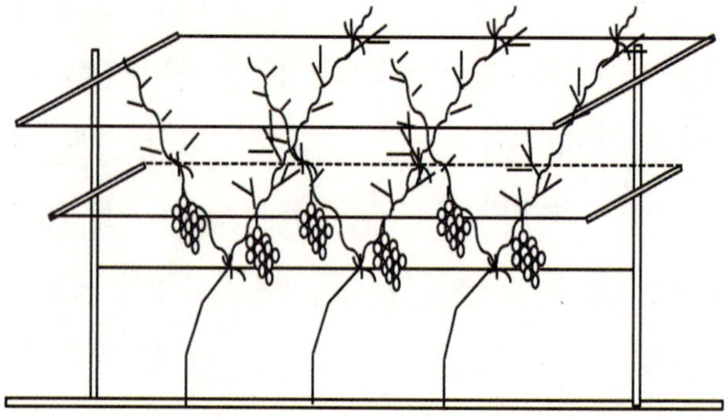

（7）“U”形架

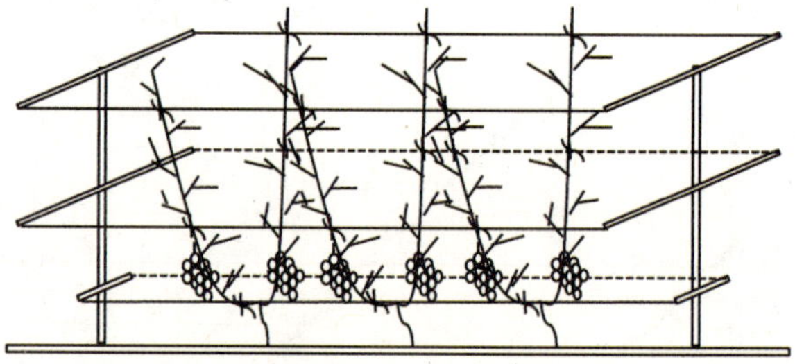

（8）“V”形架

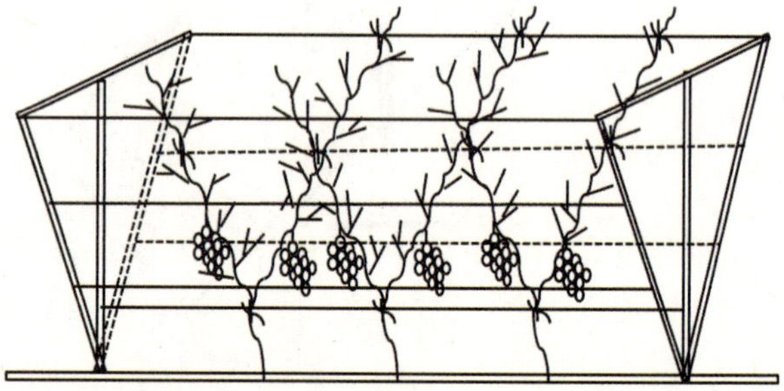

葡萄鸟害及防治技术

一些杂食性鸟类啄食葡萄果实，不仅直接影响果实的产量和质量，而且导致病菌在被啄果实的伤口处大量繁殖，使许多正常果实生病，鸟类危害已成为影响葡萄生产的一大问题，调查显示，陆地栽培葡萄遭受鸟害后，减产可达30%以上。

1. 主要鸟害的种类及危害特点

（1）灰椋鸟

常结群活动，食物以树种子、虫子和葡萄、桑葚、枣等各类果实为主，尤喜欢葡萄，发现一片成熟的葡萄园，往往疯狂啄食，破坏性极大。

灰椋鸟

（2）喜鹊

分布在平地、山丘的高树或农田中。常单独或小群于田野空旷处活动，性凶猛粗暴。经常三三两两在大树之间来去。杂食性，主要危害是啄食葡萄粒。

喜　鹊

（3）麻雀

麻雀经常三三两两或成群或独自采实葡萄。只要发现成熟的果穗，一周之内便可造成果穗上的果粒啄伤和腐烂。

麻　雀

（4）乌鸦

乌鸦包括：红嘴乌鸦、寒鸦、大嘴乌鸦。它们均是杂食性鸟类，主要危害是啄食葡萄粒。

篱架栽培的葡萄鸟害要重于棚架，在棚架上，外漏的果穗受害程度又较内膛果穗重。套袋栽培葡萄园的鸟害程度明显减少。且鸟类的活动在一年中，尤为葡萄成熟期时间段最多。一天中，早晨和傍晚鸟类活动最多。

乌　鸦

2. 防护对策

（1）果穗套袋，不仅可防治鸟害，也能减少病虫害对果粒的伤害。

（2）架设防鸟网。

（3）增设隔离网。

（4）改进栽培方式。在鸟害发生地，多采用棚架和用叶片遮盖果穗的方式，减少葡萄被害。

（5）驱鸟。鞭炮声、敲打声等。

葡萄落花落果及防治技术

在葡萄生产中，无论是露地栽培还是保护地栽培，如管理不当，都会出现落花落果现象，如不能及时控制，落花落果就会更加严重。

1. 葡萄落花落果原因

（1）气候因素。低温、降雨、干旱等气候条件，直接影响花序的发育和生长，影响葡萄正常授粉情况，导致落花落果。

（2）当树体在生长期内贮存的养分不足时，使得葡萄的不完全花增多，胚株发育不良，花粉发芽率低，导致落果量大，坐果率低，尤其像巨峰这类品种。

（3）葡萄品种本身特性。如巨峰品种胚珠异常，部分花粉不育，其落花落果是本身遗传性。

（4）栽培措施不到位。抹芽、定枝、摘心等没有及时进行，或氮肥施用偏多、新梢徒长，或在开花期灌水施药，或上年度负载量过大，或病虫危害严重、养分储存不足等都会引起落花落果。

2. 防治方法

（1）负载量合理。可以保证花芽分化良好，枝条充分成熟，使树体积累充足养分，满足来年的生长、生殖发育。

（2）改善树体营养条件。增施有机肥，提高土壤肥力，为葡萄根系生长创造良好的环境条件，增加根系的吸收能力。

（3）夏季修剪到位。及时抹芽、定枝，可以减少养分消耗，促进花序发育，还可以调整营养生长与生殖生长的关系。根据要求及时疏除多余的花序，并对花序进行整形，可以节省养分，更好满足所留花序对养分的需求。

（4）花前喷硼。在开花前半个月喷0.3%的硼砂溶液，促进花粉萌发及花粉管伸长，对提高坐果率和增加产量都有明显效果。

（5）加强早春病害的防治。加强对黑痘病、灰霉病的防治，保护叶片、花序的正常生长发育。

葡萄裂果及防治技术

1. 葡萄裂果原因

葡萄缺钙，细胞壁薄而脆弱，易造成葡萄裂果。土壤含水不匀。一些地区春季干旱，土壤含水量低，此时正是葡萄果实一次膨大期，限制生长。葡萄生长后期，突然浇大水或天降大雨，使土壤中含水量突然上升，过多的水分，果实膨压增大，致使果粒纵向裂开。果粒相靠过紧。在葡萄成熟期，浆果二次膨大，果粒靠的太紧，相互挤压过重而裂开。与白腐病、炭疽病危害有关。

2. 防治葡萄裂果的措施

（1）合理修剪，控制产量

果穗以上副梢可留一二片叶，达到每果枝正常叶片25片以上。增强叶片调节水分的能力，减少因水分调节能力差造成裂果。合理控产，适当疏穗疏粒可使葡萄生长健壮。减少因挂果过多树势衰弱引起的裂果和果穗过于紧密造成的挤压裂果。

（2）果实套袋

套袋能减轻裂果程度，但一定要选用透气性好，沥水性好的果袋。

（3）病害防治

在膨果期重视和加强病害防治也是减少裂果的重要措施。

（4）补钙

对土壤缺钙的地块，施入钙肥，例如重施“夏氏蓝得土壤调理剂”和钾肥，不仅防葡萄裂果，而且还能提升葡萄糖度。也可以叶面喷施几次“果蔬协同钙”。

（5）保持土壤含水量相对稳定

天气干旱时，对葡萄园浇小水，勤浇水。也可以在葡萄近成熟时，行间盖地膜，既可防旱，也可排涝，还可防止大雨后病菌繁殖，或者在葡萄树下盖草使土壤水分稳定。

葡萄日灼及防治技术

1. 症状表现

其症状发生部位主要在阳光直射面。果穗基部果粒发生较为严重，果穗的中下部果粒发生较轻。症状起初是果实的下表皮及果肉组织开始变白，而后变褐，症状一般出现在果粒的中部，严重时症状向果梗部位蔓延，随后出现凹陷、皱缩症状。病斑颜色较深。

2. 发生原因

日灼是在较高气温的基础上，由强光照射诱发的，常被称为“日烧病”。

3. 防治方法

（1）合理树体与叶幕结构

树体上保持枝条的均匀分布，及时进行摘心、整枝、缚蔓等。生产中可采用除顶部1~2个副梢进行适当长留外，其余副梢留1片叶，这样既可以减少冠内郁蔽，又能有效降低果穗周围的光照强度，减轻日灼病的发生，还增加了功能叶，增强了光合作用。对篱架式栽培的葡萄，要注意选留部位较高的果穗，保持果穗下部一定数量的叶片，降低果穗裸露，穗接受长时间的太阳光照，特别要尽量避免12:00~14:00太阳光照，以降低日灼病的发生。

（2）合适的果袋

选用透光率低的深色袋、双层袋等，并采用尺寸较大的果袋。

葡萄气灼及防治技术

1.症状表现

在发病初期果实表皮无明显症状，果肉先变成褐色坏死状，然后果皮变成浅褐色；中期(3~5天后)果肉干缩、凹陷。发病较轻者病粒多出现在果穗外围，呈散生状，不规则分布，不仅发生在阳光直射面，果穗不同部位均有症状产生，而果穗内部很少见到；发病后期，果实局部或全

果干缩，呈黑褐色，不易脱落。病斑颜色较浅。根系不发达的品种，如红地球易发生气灼。

2.发生原因

（1）气灼的发生主要是由高温诱发的，常被称为“气灼病”。主要是由白天的高温，地面热辐射产生的较高气温而诱发，往往越靠近地面的果实日灼病越严重。

（2）气候多变；根系和地上部分关系不协调；品种根系不发达；套袋前修剪、疏果；气温高时浇水；土壤通透性差，持水量少；有机质含量低；套袋时间等。

3.防治方法

（1）提高结果部位

选用棚架、V型架等架式，以提高结果部位，避免因果穗离地太近产生较高的果面温度而诱发气灼病的发生。

（2）增加植被覆盖

在葡萄行间种草，行内进行秸秆覆盖，以降低白天阳光对地面的直接照射而

引起地表温度的过度升高，减少地面水分蒸发，保持土壤合适的水分。

（3）加强田间通风

避免植株过于郁闭。

（4）加强肥水管理

在地温较低时用小水勤灌，保证水分供应；改善土壤结构，使根系功能正常发挥；根系弱的植株，保持地上部分与地下部分协调一致。

（5）套袋时间

避免在中午高温时间，气温变化剧烈的天气套袋。加强预测预报工作。

葡萄埋土防寒技术

1.时间

一般在当地土壤封冻前15天即应开始进行埋土防寒。

2.技术要点

做垫枕；开浅沟；枝蔓捆束；挤紧覆土。

3.方法

（1）人工覆盖

一般北方采用全埋法即在地面上不挖沟进行埋土防寒，方法是修剪后将植株枝蔓捆缚在一起，缓缓压倒在地面上，然后用细土覆盖严实。温度越低，覆土越厚。

（2）机械覆盖

将主蔓顺行向放平，株梢、尾相接，捆成束。通过机器将土层覆盖，土层下口宽1米，上口宽0.6米，土层厚度不低于0.4米，厚薄均匀，不留缝隙，整个埋土沟呈连续水平梯形状。

4.出土上架

当春季气温达10℃时，埋土防寒的葡萄就应及时出土上架。正确的出土时间应根据当地的气候和所栽品种的物候情况而决定，一般在芽膨大前应即时出土。

葡萄覆盖防寒技术

1. 秸秆防寒法

将修剪后的葡萄枝蔓捆绑成捆，上面再缠上1~2层草帘或麻袋片，随后覆盖15~20厘米厚的秸秆枝蔓可以越冬。

2. 冻冰法

将修剪后收拢捆绑的葡萄枝蔓放置在地面，10月中下旬在枝蔓上覆盖草袋片，覆土5~8厘米，在土上再盖一层草袋片。当11~12月份气温降低时，连续往覆盖物上浇两次水，使之结冰，从而将植株与外界隔绝，达到安全越冬的目的。

3. 塑料薄膜防寒法

随着防寒技术的不断改进，近几年又出现了用塑料薄膜覆盖的防寒方法，对于独龙蔓树形，也需要将葡萄枝蔓盘起来，

翘起的枝杈都要放平，以免扎破塑料薄膜。盘好放平后，用土稍压，然后用黑塑料薄膜覆盖，膜的四周用土压实就可以了。这种防寒方法用工量少，劳动强度相对较低，而且因为防寒塑料薄膜可以重复利用，所以成本也不会增加。

4. 覆盖棉被防寒法

葡萄枝蔓修剪结束后，将枝蔓下架盘捆，然后用棉被覆盖，四周用土压实就可以了。

葡萄枝蔓冻害及防治技术

1.症状识别及发生特点

枝蔓轻微受冻后，髓部和木质部变为褐色，而形成层仍为绿色，还可恢复生长，只是生长势弱，坐果率降低；严重受冻时，形成层变褐色，则枝条枯死。芽眼受冻后，变褐色，易脱落，轻微受冻，只是主芽受伤，而副芽和芽垫层还可萌发出新梢，若芽垫层受冻，则整个芽眼死亡。枝蔓和芽眼，可耐−20℃~−18℃低温。

2.发生原因

（1）葡萄植株没有得到充分抗寒锻炼，在土层保护下会降低葡萄植株的越冬抗低温能力，冬季深度寒冷时植株容易遭受冻害。

（2）埋土过早，因土温高、湿度大，微生物（特别是霉菌）还处于活跃时期，附着在葡萄枝蔓上的霉菌在土壤中遇到较合适的温度条件，就会大量滋生，损伤枝

芽。倘若埋土过晚，当气温较低时，葡萄根系在埋土前就有可能受冻，而且土壤一旦封冻，不仅取土困难，同时因结冻、土块大，覆盖不严而透风，枝芽和根系仍会遭受冻害，起不到防寒作用。

（3）病虫害严重影响新梢成熟的质量。特别是霜霉病，近几年发病迅速，危害严重，受此病危害的葡萄，极易受冻害。

3.防治方法

（1）采用前促后控技术，促进枝蔓成熟。主要采用前期供应氮肥、水分，促进多长枝叶，后期多施磷钾肥，控制水分，及早摘心，促进枝条成熟。

（2）增加树体贮藏营养的积累。

（3）在埋土防寒地区，加大防寒土堆的规格，提高防寒效果。

（4）防止枝条徒长，采取前促后控技术。

（5）促进枝芽成熟，采用控制产量、加强病虫防治、增加有效光合量、加强通风透光量等措施。生长前期要以氮为主，中期要氮、磷钾均衡施用，后期以磷钾为主。

葡萄根系冻害及防治技术

1.发生特点

葡萄根系冻害每年都有不同程度的发生，主要发生在冬季。葡萄根系冻害的发生规律是3年一小冻，10年一大冻，30年一次特大冻害。因为根系不休眠，所以冻害发生最多的部分是根系。当根际温度低于-5℃时，则表现冻害。

2.发生原因

（1）葡萄根系冻害主要是冬季低温所致，由于不同年份冬季最低湿度差别明显，因此可将冬季分为暖冬、冷冬、强冷冬和超强冷冬，随着各年份冬季冷暖不同，葡萄根系冻害也会发生周期性的变化。

（2）不同品种对外界不良环境的抗性特别是抗寒力方面有很大差异。

（3）有的地区由于沙、石透气性强，冬季保温性远不如黄土，所以更易发生冻害。

（4）采用抗寒砧木对防止葡萄根系冻害作用十分明显，因此多采用具有较强抗寒性品种的砧木。

3. 防治方法

（1）实行换土深栽。

（2）采用抗寒砧木和抗寒品种。

（3）采取前促后控和减氮增磷(钾)的技术，以防止葡萄后期贪青徒长。

（4）采用人工落叶和霜前埋土。对12年生幼树，9月上中旬实行人工落叶，使葡萄提早进入休眠期，并于早霜前进行修剪，同时浅埋土，以躲过早霜为害。

（5）对欧洲种葡萄特别是12年幼树，必须进行强化防寒。强化防寒的要求是：先顺行开浅沟，深25~30厘米将葡萄蔓压入沟内，上加秸秆或薄膜，然后覆土50厘米左右，同时要注意取土位置应离开植株基部1米以外，以免使葡萄根系暴露引发冻害。

葡萄晚霜冻害及防治技术

1. 发生特点

晚霜冻害往往会对葡萄当年的产量造成严重损失，甚至绝产，更严重的还会造成葡萄地上部分死亡，使大面积葡萄园遭受灭顶之灾。霜冻危害程度与最低温度和低温持续时间有关，与品种无关。

2. 发生原因

果树在春季开花，其花器官和幼果及嫩梢是植株最不耐寒的部位。春季骤然降温引起的春霜冻是花器官、幼果、嫩梢发生冻害的主要因素。

3. 晚霜预防技术

（1）果园熏烟

首先堆制发烟堆，将易燃的秸秆、杂草等与潮湿的落叶、草根、锯末等分层交错堆起，外面盖土，中间插入木棒以利点火出烟。发烟堆分布在果园四周和内部，每堆不高于1米。然后根据气象预报，在霜冻来临前的晚上点燃。其次利用防霜烟剂。

（2）加热

在果园内隔一定距离放置一加热器，燃料有柴油、煤等，在霜冻来临前点火加

热，可在果园上空形成一个暖气层，起到防霜作用，适用于大果园。

（3）吹风

在果园内间隔大型吹风设施有利于预防霜冻。

（4）喷防冻药剂

喷芸苔素可以预防霜冻。

4.补救方法

（1）灌水

灌水后进行中耕，增加肥水有利于养分吸收，促进隐芽和副芽萌发，尽快使树体恢复，增加当年的产量，同时形成较好的发育枝，为来年丰产打下良好的基础。后期控制水肥，严防徒长。

（2）清树

将冻害造成的芽及时清理掉，节省养分，促使芽眼处隐芽萌发。

（3）地膜覆盖

在深翻土壤的前提下，用地膜覆盖树行两侧各50厘米范围，能够提高地温，改善霜冻危害，促使隐芽萌发，提高根系活力，加速营养吸收，以形成新的结果枝，保证当年产量和树势恢复。

（4）激素处理

用100毫克/升赤霉素喷枝芽，促进芽眼隐芽萌发。

葡萄病毒病——卷叶病及防治技术

葡萄卷叶病（Grapevine leafroll disease, GLD）是一种分布在欧洲、美洲、亚洲，及德国、新西兰等国家，危害最为严重的葡萄病毒之一。

1. 发病症状

在春季和幼嫩的新叶中，症状不明显，但整个植物表现出矮小或衰老现象，发芽迟。夏季症状较为明显，尤为成熟叶片，其表现为叶片卷缩，叶片中间凸起，叶缘卷向叶背。红色葡萄品种，叶片褐斑逐渐增多，最后连片变红，叶脉仍成绿色；白色葡萄品种叶片逐渐失绿变黄，而叶脉均保持绿色，叶片变脆。果穗表现为色泽不正，果粒变小，果点数量增加，着色不齐，含糖量低和成熟期推迟等。

2. 病原

全世界已报道11种血清上不相关的葡萄卷叶伴随病毒，分别为GLRaV（-1，-2，-3，-4，-5，-6，-7，-8，-9，-Pr和-De），病毒颗粒的长度为1800~2200纳米，分类上属于长线病毒科，它们能单独或复合侵染，从而引起葡萄卷叶病的发生。

3. 病害传播

有病害的接穗、芽及砧木都可通过嫁接引起病毒的传播。田间的菟丝子也可以传播。在昆虫方面，3种粉蚧（长尾蚧粉、无花果粉蚧和橘粉蚧）可以传播一种或多种不同的卷叶病毒。

4. 防治方法

（1）选择抗病毒的砧木或已脱毒的接穗。

（2）出现感染病毒的植物，要及时移除销毁，并用熏蒸剂甲基溴和二氯丙烷对该根系周围的土壤进行熏蒸，1年后栽种。

（3）热处理。将整株苗木或试管苗在38℃下经3个月培养，然后将新梢尖端剪下，放于迷雾环境中生根并长成植株，经过检测无毒后，可母株繁育。

葡萄病毒病——扇叶病及防治技术

葡萄扇叶病又称之为葡萄退化症，世界葡萄产区均有分布。扇叶病的最大危害是严重影响坐果，使果穗松散，果粒大小不齐，成熟期不一致。病树易落花，形成无核果。植株感病后，生命力衰退，果实产量、品质降低，严重时甚至整株枯死。据报道，欧亚种的霞多丽最易感病。在中国，该病普遍发生且是影响葡萄生产中的主要病害之一。

1. 发病症状

主要表现为扇叶、黄化叶及脉带三种症状类型：

（1）扇叶

早春表现为扇叶症状，其特征是叶片畸形、不对称、叶齿极尖、叶柄凹大张开，主脉集中，呈扇子状，叶片上常出现多种形状的褪绿斑点，扩散成黄绿花斑叶。枝蔓畸形、丛生、矮化、节间缩短。有时部分症状在夏季潜隐。

（2）黄化叶

为早春与扇叶并发的症状，叶片呈黄绿相间花叶，叶面散生各种形状褪绿斑块，以致整个叶片呈乳黄色。病树的叶、穗、蔓均黄化，因而在相当距离以外都能清晰可辨。

黄化叶

脉带叶

（3）脉带叶

春末夏初，成熟叶片沿主脉产生褪绿黄斑，渐向脉间扩展，形成黄带，叶片轻微畸形，体积变小。

除叶片外，病株的枝蔓也常变成畸形，有的新梢节间缩短，叶片簇生；枝条上有时出现二芽对生于单芽的位置上，枝条分叉，呈“Y”字形。

2. 病原

葡萄扇叶病毒，为线状多面体病毒组。

3. 病害传播

葡萄扇叶病毒主要通过带毒繁殖材料远距离传播，也可通过土壤线虫传播，且病毒和线虫之间具有专一性。在自然条件下，葡萄扇叶病不能远距离扩散。

4. 防治方法

（1）建园时，选择无病毒苗木结合热处理是最有效的防治措施。

（2）嫁接时挑选无病毒的接穗或砧木。

（3）由于该病通过土壤线虫传播，因此，要进行有必要的土壤熏蒸处理；或进行5%克线磷颗粒剂100~400毫升/升有效成分浸根5~30分钟；或穴施250~300克线磷颗粒剂；或用1.8%阿维菌素乳油1000倍灌根防治。

葡萄病毒病——花叶病及防治技术

葡萄花叶病毒病见于葡萄品种保留区中。

1. 发病症状

（1）新梢：新梢萎缩。

（2）叶片：春季叶片黄化并散生受叶脉限制的褪绿斑驳，进入气温高的盛夏，褪绿斑驳逐渐隐蔽或不明显。致叶片皱缩变形，秋季新叶又现褪绿斑驳。

（3）果实：幼果期，果面及深达果肉，多发生浓绿色斑点，影响成熟期的果实饱满度及着色，果肉品质变差。

（4）植株：染病株植株矮小。

2. 病原

番茄坏斑病毒。

3. 病害传播

通过汁液渗入或破损接触传播，烟蓟马、豆蓟马等也可传播。草本寄主摩擦容易传毒，远距离传播主要靠种子、种苗传毒。蚜虫也可传播。剑线虫在土中也传播此病毒，如果葡萄园有这种线虫，要进行有必要的土壤熏蒸处理。

4. 防治方法

（1）清除发病的植株。

（2）选择无病毒的健壮接穗和砧木。

（3）加强检疫。

葡萄花叶病的叶片

葡萄病毒病——葡萄病毒A及防治技术

葡萄病毒A在表现茎痘症状、卷叶病危害的葡萄植株中常常被发现。在葡萄病毒属中，该病毒具有最广泛的寄主范围。

1.发病症状

植株矮小，生长势减弱，春季萌芽延迟，某些染病品种种植几年后就会衰退死亡；嫁接口附近的木质部和树皮形成层常可见凹陷的茎沟槽或茎痘斑；部分植株嫁接口上部肿大，形成“小脚”现象；有的嫁接口上部树皮增厚，木栓化，组织疏松粗糙。染病植株萌芽延迟，生长受到抑制，产量降低，嫁接成活率低。

2.病原

GVA是线型病毒科，葡萄病毒属，韧皮部限制型病毒，长线型病毒粒子。

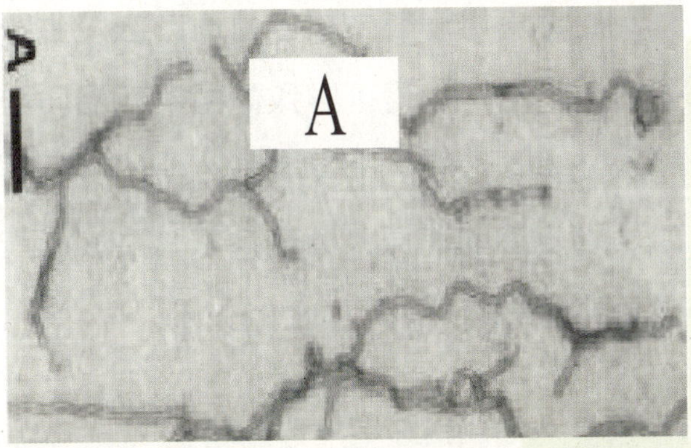

3.病害传播

葡萄病毒A主要通过嫁接传染，随同接穗、插条和苗木远距离传播，带毒植株繁殖的数量越大，病毒的传播速率也越快。在一些国家观测到田间的自然传播现象。但只在实验室内发现该病毒也能够通过各种伪蚧、粉蚧、介壳虫以半持久的方式从葡萄向草本寄主进行生物学传播，或者通过机械摩擦传播。

4.防治方法

（1）加强检疫。

（2）及时清除发病植株并销毁。

（3）选择无病毒的接穗、砧木。

（4）建园前对穴土进行熏蒸。

葡萄病毒病——葡萄病毒B及防治技术

葡萄病毒病在中国各葡萄产区发生十分普遍，这些病毒可导致葡萄果实品质与风味变劣，植株生长势降低，甚至死亡。葡萄栓皮病的病原为葡萄病毒B，该病毒与葡萄病毒A无血清学上的关系。

1.发病症状

病株表现为植株矮小、生长衰弱、萌芽晚，定植数年后，植株逐渐枯死。嫁接的植株，嫁接口上部枝梢肿大，接穗和砧木的生长不协调，常常出现粗细不均的现象。葡萄的木质部呈现典型的洼陷和沟槽，与树皮形成层表面的狭长的隆起部分相对应。叶片无特殊症状，部分品种叶片的变化有时和卷叶病相似，出现卷叶、黄化、叶肉变红等。果穗小，果粒着生较少。

2.病原

线性病毒属Flexiviridae葡萄病毒属

Vitivirus。

3. 病害传播

主要通过无性繁殖材料如葡萄插条、接穗嫁接等容易传播。自然传播的媒介尚不清楚。不同品种的症状表现不尽相同，多数品种表现不典型。常用作植物检验品种为LN33和品丽珠。LN33很易感染，表现症状严重而典型，容易识别。

4. 防治方法

（1）建立无病母园，选用无病毒的母本树，进行嫁接繁殖。

（2）必要时进行脱毒处理。在38℃、适当光照条件下，处理98天或更长时间，取茎尖进行组织培养，经检测无毒后，再扩大繁殖。

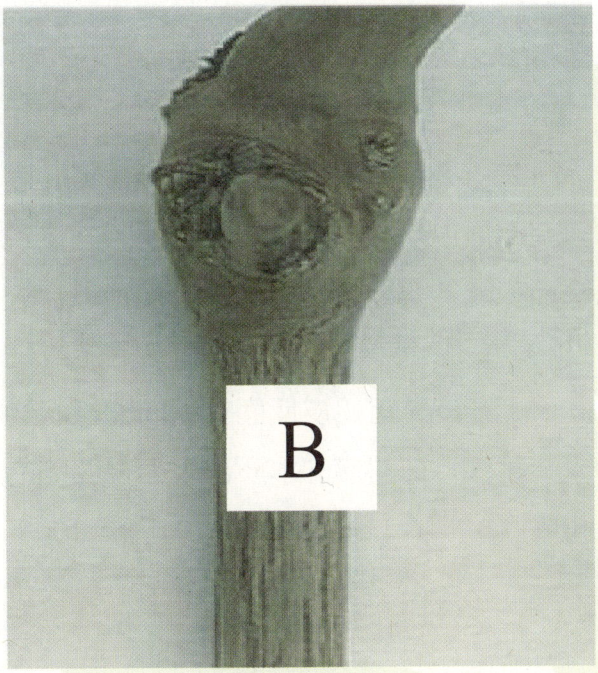

葡萄病毒病——葡萄茎痘病及防治技术

1.发病症状

葡萄染茎痘病后长势差，病株矮，春季萌动推迟月余，表现严重衰退，产量锐减，不能结实或死亡。砧木和接穗愈合处茎膨大，接穗常比砧木粗，皮粗糙或增厚，剥开皮，可见皮反面有纵向的钉状物或突起纹，在对应的木质部表面现凹陷的孔或槽。

2.病原

沙地葡萄茎痘（GRAPaV）相关病毒是葡萄茎痘病的病原。

3.病害传播

嫁接可传病，至于汁液是否传病还有待明确。在田间，茎痘病主要借带病插条、接穗或砧木进行传播。

4.防治方法

（1）建立无病母园，繁殖无病母本树，生产无病无性繁殖材料。建园时，选择4年以上未栽植过葡萄的土地，以防止残留在土中的线虫作为感染源；园址应离

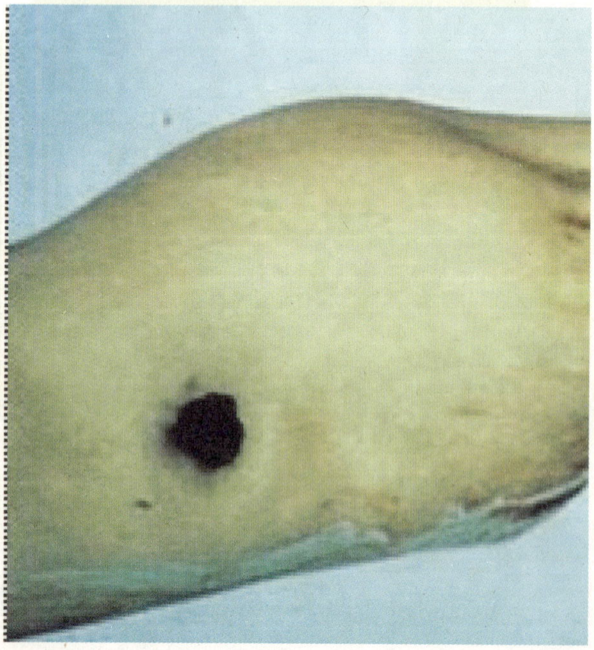

其他葡萄园20米以上，以防止粉蚧等媒介从带毒葡萄园中传带病毒。

（2）进行热处理。热处理脱毒的方法是，用一年生盆栽葡萄，在38℃~40℃的温度条件下处理60天或150天后，然后进行嫩梢扦插或微型嫁接或分生组织培养，以获得无毒苗木。

（3）对已染病的葡萄园，如发现病株，应及时拔除。在拔除病株时，应将所有根系清除，并用草甘膦等除草剂处理，防止根蘖的产生。

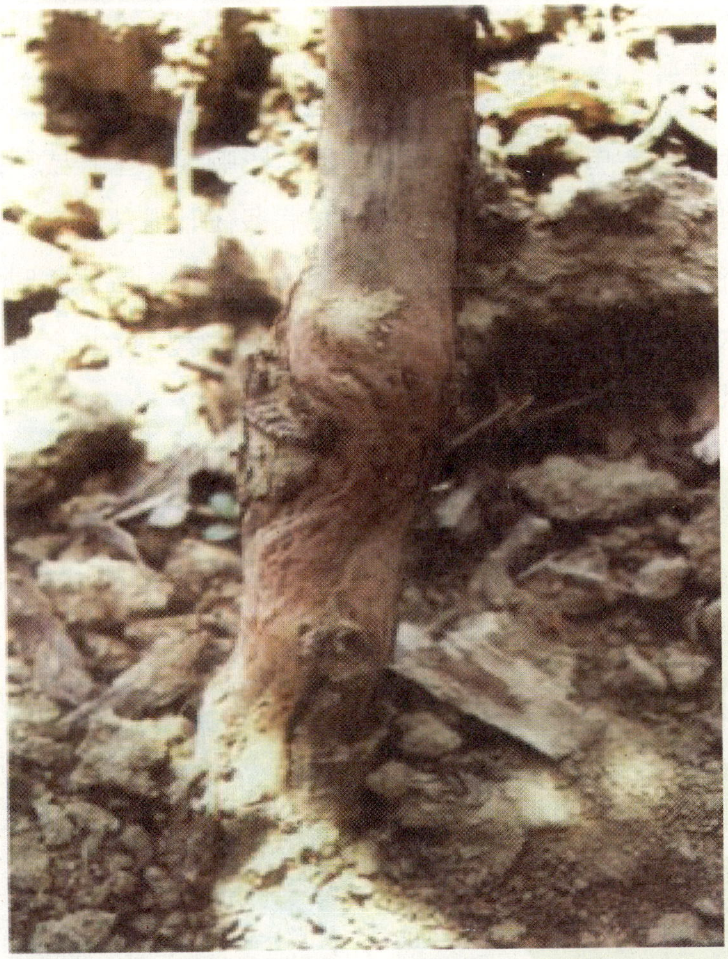

葡萄炭疽病及防治技术

葡萄炭疽病在中国各葡萄产区发生较为普遍，为害果实较严重。在南方高温多雨的地区，早春也可引起葡萄花穗腐烂。

1.发病症状

葡萄炭疽病主要危害果实，同时危害果梗、穗轴、嫩梢和叶柄。初发病时可见果实上有水渍状浅褐色斑点或雪花状病斑，以后逐渐扩大而呈圆形，并变成深褐色，感病处稍显凹陷，并有许多黑色小粒点排列成圆心轮纹状。病害严重时，病果逐渐失水干缩，极易脱落；发病花穗自花序顶端小花开始，沿花穗轴、小花、小花梗侵染，初现淡褐色湿润状，渐变黑褐色并腐烂，有时整穗腐烂，有时只剩几朵小花不腐烂，腐烂小花受震易脱落；湿度大时，病花穗上长出白色菌丝和粉红色黏稠状物；嫩梢、叶柄或果枝发病，形成长椭圆形病斑，深褐色；果梗、穗轴受害严重，影响果穗生长或引起果粒干缩；叶片发病多在叶缘部位产生近圆形暗褐斑，直径2~3厘米，湿度大时也可见粉红色分生孢子团，病斑较少，一般不引起落叶。

2.病原

葡萄炭疽病为真菌性病害，病原菌为围小丛壳菌（Glomerellacingulata），无性期为胶孢炭疽菌（Colletortrichum -

gloeosporiodes)，属子囊菌亚门真菌。

3.病害传播

葡萄炭疽病病原菌主要是菌丝体在树体中的一年生枝蔓中越冬。翌年春天随风雨大量传播，潜伏侵染于新梢、幼果中。夏季葡萄着色成熟时，病害常大流行；降雨后数天易发病，天旱时病情扩展不明显，日灼的果粒容易感染炭疽病；株行过密，双立架葡萄园发病重；施氮过多发病重。该病先从植株下层发生，特别是靠近地面果穗先发病，后向上蔓延，沙土发病轻，黏土发病重；地势低洼、积水或空气不流通发病重。

4.防治方法

（1）果穗套袋。套袋是防葡萄炭疽病的特效措施。套袋的时间宜早不宜晚，以防早期幼果的潜伏感染。

（2）喷药保护。春季萌动前，结合其他病虫害防治，喷施波美3~5度石硫合剂加0.5%五氯酚钠；初花期开始喷。从6月上旬开始喷，每隔15天左右喷1次，连续喷3~5次，在葡萄采收前半个月应停止喷药。

（3）药剂防治：①秋季彻底清除架面上的病残枝、病穗和病果，并及时集中烧毁，消灭越冬菌源。②加强栽培管理，及时摘心、绑蔓和中耕除草，为植株创造良好的通风透光条件，同时要注意合理排灌，降低果园湿度，减轻发病程度。

葡萄白粉病及防治技术

1.发生特点

葡萄白粉病的症状，其主要特点是在受害组织上生长白色的粉状物。

一般在葡萄果实上发病，首先是从果穗轴受侵染开始，然后病菌由穗轴，再通过果柄向幼果基部延伸，最终蔓延到大部分幼果甚至使全穗的果实都受染遭害。幼果受害以后,除果体上遍生粉状物和果面上产生锈斑外，果斑处组织停止生长，质地坚硬，有的病果还开裂，使内部的种子表露。

葡萄叶片感染白粉病

生长季节后期，菌丝丛中形成细小、黑色、球形子实体，即闭囊壳，它是病原菌的有性繁殖结构，在病叶、新梢和果穗上均可产生闭囊壳。

2.发病原因

葡萄白粉病菌是一种专性寄生菌,可寄生葡萄科数个属，即葡萄属、爬山虎属、白粉藤属、蛇葡萄属。能够侵染葡萄的幼蔓、叶、叶柄、穗轴、果实、卷须等所有绿色组织，病菌只透过表皮细胞，伸出吸胞吸收养料。虽然细胞只在表皮细胞，但邻近细胞也坏死。

3.发病规律

该病害以菌丝体在受害组织或芽鳞内越冬,干旱的夏季温暖而潮湿，闷热的天气有利于白粉病的大发生。一般6月开始发病，7月中下旬至8月上旬发病达盛期，9~10月停止发病，温度20℃~30℃，大面积种植感病品种有利于病害流行。

4. 防治方法

（1）合理控制和调节负载量，通过疏花穗、掐穗尖、疏小穗、疏果粒和化控技术的合理使用防治。

（2）坚持以有机肥为主，化肥为辅，微肥调节的原则防治。

（3）葡萄年生育期内要及时浇好开墩水、花前水、果实生长水、采后水、越冬水等6个关键水。

（4）对植株生长旺盛、通风透光差、小气候和土壤湿度大的地块要加以重点防治。

（5）加强葡萄防病栽培技术,在葡萄白粉病发病初期采用杜邦福星、12.5%敌力康可湿性粉剂、40%信生可湿性粉剂高效低毒农药进行统防统治，喷药2次，间隔10天喷一次，可以有效控制葡萄白粉病。

葡萄白腐病及防治技术

葡萄白腐病又称腐烂病，是葡萄生长期引起果实腐烂的主要病害，在全国各葡萄园地发生较普遍，果实损失率在10%~15%，在严重的年份里可损失60%以上，甚至失收，高温高湿季节，该病危害相当严重。

1. 发病症状

果梗和穗轴上发病处先产生淡褐色水浸状近圆形病斑，病部腐烂变褐色，很快蔓延至果粒，果粒变褐软烂，后期病粒及穗轴部表面产生灰白色小颗粒状分生孢子器，内部溢出灰白色分生孢子团。病果易脱落，病果干缩时呈褐色或灰白色僵果。

枝蔓上发病，初期显水浸状淡褐色病斑，形状不定，病斑多纵向扩展成褐色凹陷的大斑，表皮生灰白色分生孢子器，呈颗粒状，后期病部表皮纵裂与木质部分离，表皮脱落，维管束呈褐色乱麻状，当病斑扩及枝蔓表皮一圈时，其上部枝蔓枯死。叶片发病多发生在叶缘部，初生褐色水浸状不规则病斑，逐渐扩大略成圆形，有褐色轮纹。

2. 病原

病菌为无性态白腐垫壳孢(Coniella diplodiella Petrak et Sydow)，半知菌亚门垫壳孢属。

3. 传播途径

白腐病的分生孢子可借风雨传播，由伤口、蜜腺、气孔等部位侵入，经3~5天潜育期即可发病，并行多次重复侵染。该病菌在28℃~30℃，大气湿度在95%以上时适宜发生。高温、高湿多雨的季节病情严重，雨后出现发病高峰。在北方，自6月至采收期都可发病，果实着色期发病增加，暴风雨后发病出现高峰。

4.防治方法

（1）选择抗病品种：在病害经常流行的田块，尽可能避免种植感品种，选择抗性好、品质好、商品率高的高抗和中抗品种。

（2）增施有机肥：增施优质有机肥和生物有机肥，培养土壤肥力，改善土壤结构，促进植株根系发达，生长繁茂，增强抗病力。

（3）升高结果部位：使结果部位尽量提高到40厘米以上，可减少地面病源菌接触的机会，有效地避免病源菌的传染发生。

（4）药剂喷施：①发病初期，使用相关杀菌农药稀释喷雾，每5~7天喷施1次，喷药次数视病情而定。病情严重时，加入大蒜油15毫升，兑水15千克进行全株均匀喷雾，3天一次，连用2~3次。②土壤消毒对重病果园要在发病前用50%福美双粉剂、硫磺粉1份、碳酸钙1份三药混匀后撒在葡萄园地面上，每亩撒1~2千克，或200倍五氯酚钠、福美砷、退菌特，喷洒地面，可减轻发病。

葡萄黑痘病及防治技术

葡萄黑痘病又名疮痂病，俗称“鸟眼病”，是葡萄上的一种主要病害。主要危害葡萄的绿色幼嫩部位如果实、果梗、叶片、叶柄、新梢和卷须等。

1. 发病症状

叶受害后初期发生针头大褐色小点，之后发展成黄褐色直径1~4毫米的圆形病斑，中部变成灰色，最后病部组织干枯硬化，脱落成穿孔。幼叶受害后多扭曲，皱缩为畸形。绿果感病初期产生褐色圆斑，圆斑中部灰白色，略凹陷，边缘红褐色或紫色，多个小病斑联合成大斑；后期病斑硬化或龟裂。新梢、叶柄、果柄、卷须，感病后最初产生圆形褐色小点，以后变成灰黑色，中部凹陷成干裂的溃疡斑，发病严重的最后干枯或枯死。

2. 病原

葡萄痂囊腔菌，属子囊菌亚门痂囊腔菌属，无性阶段为葡萄痂圆孢菌，属半知菌亚门。病菌的无性阶段具有致病性，而有性阶段病菌很少见。

3. 发病规律

（1）病菌主要以菌丝体潜伏于病蔓、

病梢、病果、病叶等部位越冬。病菌生活力很强，产生的分生孢子借风雨传播。孢子发芽后，芽管直接侵入幼叶或嫩梢，引起初次侵染。侵入后，菌丝主要在表皮下蔓延。以后在病部形成分生孢子盘，突破表皮，在湿度大的情况下，不断产生分生孢子，通过风雨和昆虫等传播，对葡萄幼嫩的绿色组织进行重复侵染，病菌远距离的传播则依靠带病的枝蔓。

（2）黑痘病的无距离传播主要通过带病菌的苗木或插条。

4.防治方法

（1）苗木消毒：黑痘病的远距离传播主要是通过带病菌的苗木或插条，因此，葡萄园定植时应选择无病的苗木，或对苗木进行10%~15%的硫酸铵溶液浸泡3~5分钟。

（2）彻底清园：冬季修剪时，剪除病枝梢及残存的病果，刮去病、老树皮，彻底清除果园中的枯枝落叶和烂果。

（3）选择抗病品种：因不同葡萄品种对黑痘病的抗性不同，因此，要依据建园条件选择具有抗病的品种，如巨峰具有中抗性，康拜尔、玫瑰露、吉丰14等也具有抗病性。

（4）加强田间管理：定植前，每年采收后都要施足有机肥，保持树体健壮。对于杂草和枯草及时清除。

葡萄灰霉病及防治技术

葡萄灰霉病春季是引起花穗腐烂的主要病害，流行时发病品种花穗被害率达70%以上。成熟的果实也常因此病在贮藏、运输和销售期间引起腐烂。葡萄酿酒时如不慎混入灰霉病的病果，可造成葡萄酒颜色改变、酒质变劣。

1. 发病症状

灰霉病主要为害葡萄花穗、幼小及近成熟果穗或果梗、新梢及叶片。

（1）枝干：发病冬芽和幼梢可能坏死。新梢二次发病的绿色新梢产生淡褐色、不规则形的病斑，病斑有时出现不太明显轮纹，亦长出鼠灰色霉层。成熟后的新梢为黄白色，并带有黑色的菌核。

（2）叶片：在4~6月份为害叶片。发病叶片首先在边沿形成红褐色病斑，初呈水渍状，灰褐色斑，上生灰色霉层，然后逐渐引起整个叶片坏死，脱落。病害严重时，可引起全部落叶。

（3）果实：花穗和刚落花后的小果穗易受侵染，发病初期被害部呈淡褐色水渍状，很快变暗褐色，整个果穗软腐，潮湿时病穗上长出一层鼠灰色的霉层，晴天时腐烂的病穗逐渐失水萎缩、干枯脱落。成熟果实及果梗被害，果面出现褐色凹陷病斑，很快整个果实软腐，长出鼠灰色霉层，果梗变黑色，不久在病部长出黑色块

状菌核。

2.病原

病原为灰葡萄孢霉 Botrytis cinerea Pers.，属半知菌亚门。有性世代为富氏葡萄核盘菌 Botryotinia fuckeliana (de - Bary) Whetzel.。

3.发病规律

病原灰霉菌是一种寄主范围很广的兼性寄生菌，其菌核是病菌主要的越冬器官。病害侵染的病菌来源于葡萄园内越冬的病菌和其他场所及空气中。春季温度回升，遇降雨或湿度增加，菌核萌动产生新的孢子被风传播到新梢，发生初次侵染，之后产生的新孢子继续侵染。

4.防治方法

（1）果园清洁：病残体上越冬的菌核是主要的初侵染源，因此，结合其他病害的防治，彻底清园，搞好越冬休眠的防治。

（2）加强果园管理：控制速效氮的使用，防止枝梢徒长，抑制营养生长，搞好果园通风透光，降低田间湿度。

（3）药剂防治：花前喷 1~2 次 50% 多菌灵可湿性粉剂 500 倍液有一定的效果。每亩用 0.07~0.1 的 50% 农利灵可湿性粉剂在花结束时、幼穗期，至收获前 3~4 周共喷 3~4 次，对灰霉病具有很好的防治效果。

葡萄霜霉病及防治技术

葡萄霜霉病是一种世界性的葡萄病害。中国各葡萄产区均有分布，尤其在多雨潮湿地区发生普遍，是葡萄主要病害之一。发病严重时，叶片焦枯早落，新梢生长不良，果实产量降低、品质变劣，植株抗寒性差。

1. 发病症状

叶片被害，初生淡黄色水渍状边缘不清晰的小斑点，以后逐渐扩大为褐色不规则形或多角形病斑，数斑相连变成不规则形大斑。天气潮湿时，于病斑背面产生白色霜霉状物，即病菌的孢囊梗和孢子囊。嫩梢受害，形成水渍状斑点，后变为褐色略凹陷的病斑，潮湿时病斑也产生白色霜霉。病重时新梢扭曲，生长停止，甚至枯死。卷须、穗轴、叶柄有时也能被害，其症状与嫩梢相似。幼果被害，病部褪色，变硬下陷，上生白色霜霉，很易萎缩脱落。果粒半大时受害，病部褐色至暗色，

软腐早落。果实着色后不再侵染。

2.病原

葡萄霜霉菌，属鞭毛菌亚门，卵菌纲霜霉目，单轴霉属。

3.发病规律

病菌主要以菌丝体潜伏在芽或以卵孢子在病变组织中越冬，病菌也随病叶残留于土壤中越冬。次年在适宜条件下卵孢子萌发产生芽孢囊，再由芽孢囊产生游动孢子，借风雨传播，自叶背气孔侵入，进行初次侵染。孢子囊萌发适宜温度为10℃~15℃。游动孢子萌发的适宜温度为18℃~24℃。秋季低温，多雨多露，易引起病害流行。果园地势低洼、架面通风不良，树势衰弱，利于病害发生。

4.防治方法

（1）清除菌源，秋季彻底清扫果园，剪除病梢，收集病叶，集中深埋或烧毁。

（2）加强果园管理，及时夏剪，引缚枝蔓，改善架面通风透光条件。注意除草、排水、降低地面湿度。适当增施磷钾肥，对酸性土壤施用石灰，提高植株抗病能力。

（3）调节室内的温湿度。在葡萄坐果以后，室温白天应快速提温至30℃以上，并尽力维持在32℃~35℃。下午16时左右开启风口通风排湿，降低室内湿度，使夜温维持在10℃~15℃，空气湿度不高于85%。

葡萄根结线虫及防治技术

根结线虫是一类高度专性寄生的线虫，很少致死植株，通常是植株由旺盛到衰老，容易出现逆境反应。新建或更新栽植的葡萄园由于根结线虫的损害，幼株不能成长，有些虽然勉强生长，但不能充分长大和达不到架面，以致不能整形修剪。

1. 发病症状

葡萄根结线虫侵染葡萄植株根系后，地上部的茎叶均不表现具诊断特征的症状，但葡萄植株生长衰弱，表现矮小、黄化、萎蔫、果实小等。根结线虫在土壤中呈现斑块型分布，在有线虫存在的地块，植株生长弱，在没有线虫或线虫数量极少的地块，葡萄植株生长旺盛，因此葡萄植株的生长势在田间也表现块状分布。从病根及其周围土壤中常可分离到数量较多的根结线虫成虫和幼虫，将这些线虫回接到寄主葡萄根部，植株表现与田间相似的症状。

根结线虫为害葡萄植株后，引起吸收根和次生根膨大和形成根结。单条线虫可以引起很小的瘤，多条线虫的侵染可以使根结变大。严重侵染可使所有吸收根死亡，影响葡萄根系吸收。线虫还能侵染地下主根的组织。

2. 病原

对葡萄产生影响的主要有四种：南方根结线虫、爪哇根结线虫、北方根结线虫、泰晤士根结线虫。

3. 侵染

雌虫体外产卵于基质中。当幼虫脱皮1次，成长形，从卵孵出成为2龄幼虫。这些幼虫迁移在新部位取食，通过皮层，并完成作为静止的内寄生的生活史。幼虫进一步取食，迅速蜕皮3次，变成雌虫，呈梨形。线虫主要在基质中的卵内作为发育中的幼虫越冬。根结线虫在果园内蔓延，或随着感染的根或栽培管理区扩展到新地区。

4. 防治方法

（1）选择园地时，前作作物应避开番茄、黄瓜、落叶果树等线虫良好寄主。

（2）使用抗性品种或砧木，已选出的有Dogridge，Ramsey，1613C等。

（3）严格检疫，不从病区引种苗木，如需引种，应严格消毒，一般用50℃的热水浸泡10分钟。也可通过引种种条避开危害。

（4）植后发病，可用灭线灵、克线磷、克线丹等杀线虫药，也能起到控制进一步蔓延的效果。每公顷施药量45~90千克，先与3~5倍细土混匀，在树根集中分布区开沟施入，覆土后浇少量水。

葡萄根癌病及防治技术

葡萄根癌病是一种细菌性病害，发生在葡萄的根、根颈和老蔓上。

1.发病症状

发病部分形成愈伤组织状的癌瘤，初发时稍带绿色和乳白色，质地柔软。随着瘤体的长大，逐渐变为深褐色，质地变硬，表面粗糙。瘤的大小不一，有的数十个瘤簇生成大瘤。老熟病瘤表面龟裂，在阴雨潮湿天气易腐烂脱落，并有腥臭味。受害植株由于皮层及输导组织被破坏，树势衰弱，植株生长不良，叶片小而黄，果穗小而散，果粒不整齐，成熟也不一致。病株抽枝少，长势弱，严重时植株干枯死亡。

品种间抗病性有所差异，玫瑰香、巨峰、红地球等高度感病。

2.发病规律

根癌病由土壤杆菌属细菌所引起。病菌随植株病残体在土壤中越冬，条件适宜时，通过剪口、机械伤口、虫伤、雹伤以及冻伤等各种伤口侵入植株，雨水和灌溉水是该病的主要传播媒介，苗木带菌是该病远距离传播的主要方式。细菌侵入后，刺激周围细胞加速分裂，形成肿瘤。病菌的潜育期从几周至一年以上，一般5月下旬开始发病，6月下旬至8月为发病的高峰期，9月以后很少形成新瘤，温度适宜，降雨多，湿度大，癌瘤的发生量也大。

3.病原

癌肿野杆菌。

4.侵染途径

癌肿细菌在肿瘤组织的皮层内越冬，或当肿瘤组织腐烂破裂时，细菌混入土壤中，土壤中的癌肿细菌亦能存活一年以

上。由于癌肿细菌的寄主范围广，因此，土壤带菌是病害的主要来源。细菌主要通过雨水和灌溉流水传播；此外，地下害虫如蛴螬、蝼蛄和土壤线虫等也可以传播细菌；而苗木带菌则是病害远距离传播的主要途径。

5.防治方法

（1）繁育无病苗木。繁育无病苗木是预防根癌病发生的主要途径。在繁育时，苗床土壤用1%硫酸铜溶液消毒。

（2）苗木消毒。在苗木或砧木起苗后或定植前将嫁接口以下部分用1%硫酸铜浸泡5分钟，再放于2%石灰水中浸1分钟，或用3%次氯酸钠溶液浸3分钟，以杀死附着在根部的病菌。

（3）加强田间管理。田间发现病株时，可先将癌瘤切除，然后抹石硫合剂渣液、福美双等药液，也可用50倍菌毒清或100倍硫酸铜消毒后再涂波尔多液。

葡萄锈病及防治技术

1. 发病症状

病症初期会使叶面出现零星单个小黄点，周围水浸状，之后病变叶片的背面形成橘黄色夏孢子堆，逐渐扩大，沿叶脉处较多。夏孢子堆成熟后破裂，散出大量橙黄色粉末状夏孢子，布满整个叶片，致叶片干枯或早落。秋末病斑变为多角形灰黑色斑点形成冬孢子堆，表皮一般不破裂。偶见叶柄、嫩梢或穗轴上出现夏孢子堆。

2. 病原

葡萄层锈菌，属担子菌亚门真菌。

3. 传播途径

葡萄锈病菌以冬孢子越冬，初侵染后产生夏孢子，夏孢子堆裂开散出大量夏孢子，通过气流传播，叶片上有水滴及适宜温度，夏孢子长出芽孢，通过气孔侵入叶片。潜育期约一周，再侵染在生长季适宜条件下多次进行，至秋末又形成冬孢子堆。冬孢子堆在天气转凉时发生，台湾7月有见。夏孢子萌发温限8℃~32℃，适温为24℃。冬孢子萌发温限10℃~30℃，适温15℃~25℃，适宜相对湿度99%。生产上有雨或夜间多露的高温季节利于锈病发生，管理粗放且植株长势差易发病，山地葡萄较平地发病重。

4. 防治方法

（1）清洁葡萄园，加强越冬期防治。秋末冬初结合修剪，彻底清除病叶，集中烧毁。枝蔓上喷洒3~5波美度石硫合剂或45%晶体石硫合剂30倍液。

（2）结合园艺性状选用抗病品种。一般欧洲种抗病性较强，欧美杂交种抗性较差。抗性强的品种有玫瑰香、红富士、黑潮等。此外金玫瑰、新美露、纽约玫瑰、大宝等中度抗病，巨峰、白香蕉、斯蒂苯等中度感病，康拜尔、奈加拉等高感锈病。

（3）加强葡萄园管理。每年入冬前都要认真施足优质有机肥，果实采收后仍要加强肥水管理，保持植株长势，增强抵抗力，山地果园保证灌溉，防止缺水缺肥。发病初期适当清除老叶、病叶，既可减少田间菌源，又有利于通风透光，降低葡萄园湿度。

（4）药剂防治。发病初期喷洒波美0.2~0.3度石硫合剂或45%晶体石硫合剂300倍液、20%三唑酮粉锈宁乳油1500~2000倍液、20%三唑酮·硫悬浮剂1500倍液、40%多·硫悬浮剂400~500倍液、20%百科乳剂2000倍液、25%敌力脱乳油3000倍液、25%敌力脱乳油40~90倍液+15%三唑酮可湿性粉剂2000倍液、12.5%速保利可湿性粉剂4000~5000倍液，隔15~20天1次，防治1次或2次。

葡萄毛毡病及防治技术

1. 发生特点

毛毡病主要危害葡萄叶片，也危害嫩梢、幼果。叶片被害后，最初于叶背出现苍白色病斑，形状不规则，病斑直径2~10毫米，随着病情发展，病斑在叶背逐渐扩大，叶表面形成泡状隆起，背面病斑凹陷处密生一层毛毡状白色绒毛，绒毛加厚时，颜色由白色变为褐色，最后变成暗褐色。受害严重时，叶片皱缩，质地变厚、变硬，叶表面凹凸不平，有时干枯破裂，常引起早期落叶。

2. 发病原因

葡萄毛毡病又名葡萄瘿螨、葡萄潜叶壁虱、葡萄锈壁虱。该病实际上是一种虫害锈壁虱寄生所致，而人们习惯列为病害。锈壁虱属节肢门、蛛形纲、甲螨目、瘿螨科。雌成螨体长0.1~0.3毫米，白色，圆锥形似胡萝卜，生有80多条环纹，近头部有两对软足，腹部细长，尾部两侧各生一条细长的刚毛。雄虫体型略小，卵椭圆形、淡黄色。若螨与成螨相似，体小。

3. 发病规律

瘿螨以成虫在芽鳞或枝蔓粗皮缝隙内越冬。翌年春季，随着芽的萌动，成螨由芽内转移到幼嫩叶背面绒毛内潜伏危害，吸食汁液，刺激叶片产生绒毛，以保护成虫，成螨在被害部绒毛里产卵繁殖。之

后，成、若螨在整个生长季同时危害葡萄，一般喜在新梢先端嫩叶上危害，严重时扩展到幼果、卷须、花梗上，全年5~6月及9月受害较重，秋后，成螨陆续潜入芽内越冬。

4.防治方法

（1）加强葡萄毛毡病监测工作，定期预报毛毡病发生情况及成螨盛发期和高峰期，常年监控瘿螨发生动态。

（2）用农业防治的方法。①选用无病苗木建园时，为了保证所用苗木或枝条是无病害的，先放入30℃~40℃温水中浸3~5分钟，然后再移入50℃温水中浸5~7分钟，杀死潜伏于芽内越冬的成螨。②清洁田园。落叶修剪后彻底清园，将被害叶及其病残物集中烧毁或深埋，消灭越冬虫源。③加强管理，在葡萄生长期，及时修剪葡萄，保证通风透光良好，以减少葡萄毛毡病发生。此外，要加强水肥管理，合理灌水，增施有机肥，以增强葡萄植株自身抗虫、抗病能力。

（3）用化学防治的方法

早春葡萄萌动后、展叶前、展叶后，分别喷45%晶体石硫合剂100~150倍液，以杀灭越冬成虫，药液中加0.3%洗衣粉，可提高药剂附着力。喷药时注意全面周到，以葡萄枝蔓、叶片喷湿为度。葡萄毛毡病发病初期，要及时摘除病叶，并深埋或烧毁，以防止病情扩大，及时喷施15%哒螨灵2000倍液，或1.8%阿维菌素3000倍液，或20%三磷锡2000倍液等杀螨剂。发生严重的葡萄园，在葡萄发芽后，再喷1次0.3~0.4波美度石硫合剂，或25%亚胺硫磷乳油1000倍液。

葡萄斑衣蜡蝉防治技术

斑衣蜡蝉是同翅目蜡蝉科的昆虫，小龄若虫体黑色，上面具有许多小白点。大龄若虫身体通红，体背有黑色和白色斑纹。成虫后翅基部红色。

1.形态特征

（1）卵。长椭圆形，长3毫米左右，状似麦粒，背面两侧有凹入线，使中部形成一长条隆起，隆起之前半部有长卵形之盖。卵粒排列成行，数行成块，每块有卵数10粒，上覆灰色土状分泌物。

（2）若虫。与成虫相似，体扁平，头尖长，足长。1~3龄体黑色，布许多白色斑点。4龄体背面红色，布黑色斑纹和白点，具明显的翅芽于体侧，末龄体长6.5~7毫米。

（3）成虫。体长15~20毫米，翅展39~56毫米，雄较雌小，暗灰色。

2.危害特点

成、若虫刺吸枝、叶汁液，排泄物常诱致霉污病发生，削弱生长势，严重时引起茎皮枯裂，甚至死亡。“中秋节”前后，成虫群集在葡萄叶背和枝干上取食为害，并且在葡萄树杈附近阴面以及葡萄架水泥柱中下部阴面开始产卵。

3. 生活史

1年生1代，以卵块于枝干上越冬。翌年4~5月陆续进行孵化。若虫喜欢群集嫩茎和叶背危害，若虫期约60天，脱皮4次羽化为成虫，羽化期为6月下旬至7月。8月开始交尾产卵，多产在枝杈处的阴面。以卵越冬。成虫、若虫均有群集性，较活泼，善于跳跃。受惊扰即跳离，成虫则以跳助飞。多在白天活动进行危害。成虫寿命可达4个月，危害至10月下旬陆续死亡。

4. 防治方法

（1）结合冬季修剪和葡萄园管理，剪除有卵块的枝条，或者抹除枝条及葡萄架水泥柱上的卵块。9月下旬到10月上旬是成虫产卵的高峰期，此期进行人工捕捉成虫，可有效减少虫源。

（2）结合防治其他害虫兼治此虫，可喷洒菊酯类、有机磷等及其复配药剂，常用浓度均有较好效果。虫体特别是若虫被有蜡粉，所用药液中混入0.3%~0.4%柴油乳剂或黏土柴油乳剂，可显著提高防效。

葡萄根瘤蚜防治技术

1. 葡萄根瘤蚜的介绍

葡萄根瘤蚜属于同翅目，根瘤蚜科；是一种单食性害虫，虫体很小（长度小于1毫米，宽0.4~0.6毫米），呈梨型和卵型，黄绿色或黄棕色，卵为长椭圆型；原产于北美洲西部。葡萄根瘤蚜被认为是葡萄上最严重的害虫，是中国植物检疫性有害生物。

2. 危害特点

葡萄根瘤蚜主要为害根部，在部分地区也能为害叶面。叶部只有新生叶片、卷须受害，在葡萄叶背形成许多粒状虫瘿，称为“叶瘿型”，根部受害，以危害新根为主，近地表的主根也可受害，危害症状在新根的顶部形成米粒大小的略呈菱角形的黄白色瘤状结，虫体多在凹陷的一侧；在主根和侧根上则形成大的瘤状突起，虫体多在突起的缝隙处。一般受害后，树势明显的衰弱，提前黄叶、落叶，在高温天气下表现为缺钾症状，新根被害后形成菱形根瘤，过一段时间根系腐烂，葡萄产量受到不同程度的影响，最终导致整株枯死。葡萄一旦感染葡萄根瘤蚜，就没有存活的可能。

3. 生活史及习性

葡萄根瘤蚜分为有性和无性两种。卵经孵化为第1龄若蚜，1龄若蚜的活动能力特别强，孵化后就开始移动到临近根系或叶片上为害，一旦找到合适的部位开始为害，蚜虫便不再移动，为害后形成根瘤或叶瘿。若蚜共4龄，全部为雌蚜，以孤雌生殖方式繁殖后代；在夏末秋初（9月初至10月底），部分葡萄根瘤蚜在根部蜕皮3次后成为有翅型蚜虫。有翅蚜不危害葡萄，而是转移到葡萄地面产卵；有性卵孵化出来后若蚜并不取食，蜕皮3次后发育为无翅型成蚜并在24小时内完成交配，一雌蚜仅产一个越冬卵；翌年春天，越冬卵孵化为干母，并转移到葡萄植株或叶片上，待其发育至成蚜开始产卵，进行无性繁殖。

4. 防治方法

（1）选用抗性砧木，在使用抗砧之后，葡萄根部以上完全没有被根瘤蚜为害。

（2）白僵菌、绿僵菌和拟青霉菌能够侵染葡萄根瘤蚜，尤其是卵粒的效果更明显；另外，利用绿僵菌控制葡萄根瘤蚜时，则很好地降低了该虫在葡萄园中的种群数量。

（3）葡萄根瘤蚜可通过土壤粘附在机械、农具和鞋子上进行短距离传播，同时通过已侵染的枝条和种苗进行远距离传播。及时清洗粘有蚜虫的农具和鞋子等物品，能有效控制根瘤蚜的传播。苗木运输前用50%辛硫磷1500倍液或80%敌敌畏乳剂1000~1500倍液，或用溴甲烷熏蒸或在52℃~54℃的热水里浸泡3~5分钟，可以全部杀死根瘤蚜；或40%乐果乳油1000倍液，浸泡1~2分钟，取出阴干。此外，在冬季，葡萄园中连续灌水60天，能有效杀死越冬蚜虫；灌水40天后，仅有28%蚜虫存活。

葡萄绿盲蝽防治技术

绿盲蝽属半翅目，盲蝽科，杂食性害虫，为害多种经济作物，随着葡萄种植面积的扩大，绿盲蝽在葡萄上的危害日益严重。

1. 危害特点

绿盲蝽主要以成虫、若虫的刺吸式口器为害葡萄的幼芽、嫩叶、花蕾和幼果，造成细胞坏死或促使其畸形生长。被害嫩叶先出现枯死小点，随叶芽伸展，小点变成不规则的多角形孔洞。花蕾受害后即停止发育，枯萎脱落。受害幼果粒初期表面呈现不明显的黄褐色小斑点，严重地块幼果表面布满黄褐色物，随着幼果粒的生长，黄褐色物扩大，呈黑色，随果粒的继续生长，受害部位发生龟裂，严重影响葡萄的产量和品质。

2. 生活史及习性

绿盲蝽以卵越冬，极少量产于葡萄枯枝、落叶内。翌年日均气温在10℃以上时孵化为若虫，随后出现成虫。绿盲蝽1年发生4~5代，在葡萄整个生育期均有发生，1、2代为主要危害代。

3. 防治方法

（1）在9月份彻底清除园中或园边的寄主杂草，如藜、蒿类，减少最末一代的

发生量，从而减少越冬卵量。多雨季节注意开沟排水、中耕除草，降低园内湿度。大多葡萄行距是2米，必须做好管理(抹芽、副梢处理、绑蔓)，改善架面通风透光条件。对幼树及偏旺树，避免冬剪过重；多施磷钾肥料，控制用氮量，防止葡萄徒长。

（2）利用其成虫的趋光性，可在成虫发生期统一采用频振式诱杀成虫，以减少卵的基数。也可在葡萄树上悬挂粘板粘附绿盲蝽或释放性激素诱集成虫。

（3）于绿盲蝽若虫发生期利用植物源农药1%苦参碱可溶性液剂1000倍液或0.3%印楝2000倍液喷雾，间隔7天1次，于傍晚时分喷药。

葡萄缺钾症状及防治技术

1.发生特点

葡萄是高钾作物，葡萄缺钾时，植株矮小、生长缓慢、抗性降低；葡萄叶片向下、向后反卷；初期基部叶片叶缘变黄，随着植株的生长，在叶缘产生褐色坏死斑，分散在叶脉组织上，叶缘焦枯，向上或向下卷曲，生长中期缺钾，枝梢部老叶叶脉间出现紫褐色或暗褐色，尤其果穗多，和靠近果穗的叶片较严重。

症状多数先从老叶开始，幼龄叶片随着叶片生长，也逐渐表现出缺钾症状。严重缺钾的葡萄，果实小，穗紧，果实着色差，含糖量低，味酸，果皮易裂，成熟前落果严重，降低产量和品质。

2.发生原因

（1）有机肥施用少，即失衡性缺素，单纯大量施用氮肥的葡萄园缺钾。

（2）多雨或排水不良的土壤也易缺钾。

3.防治方法

（1）改善排水通风条件，适当修剪，控制养分消耗。

（2）增施有机肥和钾肥。改善土壤结构，提高土壤肥力。生长期缺钾可施用草木灰（0.5~1.0千克/株）或硫酸钾（0.1~0.15千克/株）；也可叶面喷施硫酸钾溶液（0.3%~0.5%）或草木灰溶液（1%~3%）或磷酸二氢钾（0.3%）。

葡萄缺镁症状及防治技术

1.发生特点

最初从植株基部的老叶开始发生，首先叶脉间明显失绿，出现网状清晰脉网，接着脉间发展成带状黄化斑块，大多从叶片的内部向叶缘扩展，逐渐黄化，最后叶肉组织黄褐坏死，仅剩下叶脉仍保持绿色。从果实膨大期开始明显表现症状，浆果着色差，成熟期推迟，糖分低，品质差。

2.发生原因

（1）钾肥和氮肥施用过多，影响镁的吸收。

（2）大雨过后，缺镁现象时有发生。

（3）酸性土壤中镁易流失。

（4）低温下镁的吸收降低。

3.防治方法

（1）减少钾肥施用量。

（2）落花后每隔10~15天叶面喷施0.1%~0.2%硫酸镁溶液3~4次。

（3）缺镁严重的土壤中可开沟施入硫酸镁，每株0.9~1.5千克，连施二年，可与有机肥混施。

葡萄缺锌症状及防治技术

1.发生特点

葡萄缺锌主要表现在枝条下部的叶片常有斑驳或黄化，新梢顶端叶片狭小失绿，枝条细弱，新梢节间变短，叶小簇生，俗称“小叶病”。叶脉间叶肉黄化，呈“花叶”。严重时枝条死亡，花芽发育不良，落花落果严重，果穗松散，果粒大小不匀，小粒始终坚硬，色绿不成熟。

2.发生原因

（1）土壤中含有效锌较低。

（2）碱性土壤中锌常被固定，不易被根系吸收。

（3）大量施用磷肥也会引起葡萄缺锌。

3.防治方法

（1）土壤中增施有机肥，加强田间管理，改善土壤结构，提高地温，促使土壤中有效锌的增加。

（2）也可在花前2~3周及花后数周喷施0.3%的硫酸锌溶液，或冬剪后随即用10%的硫酸锌溶液涂抹剪口或结果母枝。

（3）在施用有机肥的时候，亩施100千克硫酸锌，若因缺镁、缺铜引起的缺锌，必须同时施用含镁、铜、锌的肥料。

（4）根外喷施，可用0.2%硫酸锌溶液喷雾。

葡萄缺硼症状及防治技术

1. 发生特点

葡萄缺硼主要表现为枝蔓节间变短，植株矮小，副梢生长弱，根系分布浅。幼叶出现油浸状黄白斑，中脉木栓化、变褐色，老叶向后弯曲，叶缘出现失绿黄斑，叶片皱缩不平或向背面翻卷并发生焦枯。严重时引起大量落蕾，即使结果也表现为果粒小，种子发育不良或无籽，果梗细，果穗弯曲。

2. 发生原因

（1）土壤有机质含量低或土壤含硼量低。

（2）土壤贫瘠，干旱地区易缺硼。

（3）pH在7.5~8.5之间，土壤偏碱性而板结，硼呈不溶性被固定而不能被根吸收。

3. 防治方法

（1）深耕多施有机肥，改良土壤结构，促进根系对硼的吸收。

（2）生长期每株施30克硼砂后浇水。

（3）根外追施，也可在蕾期和初花期各喷一次浓度为0.2%的硼砂溶液。

（4）适时浇水，提高土壤中可溶性硼的含量，利于根系吸收。

葡萄缺磷症状及防治技术

1.发生特点

葡萄缺磷植株，蛋白质合成下降，糖的运输受阻，使叶片中糖的含量相对提高，形成较多的花青素，使叶片呈深墨绿色、叶面波浪状、叶洼交错重叠闭合，部分叶片裂刻也重叠闭合，使叶片皱缩呈圆形。缺磷时老组织先表现症状，且自下而上加深。叶片较小，茎叶暗绿色或紫红色，老叶上生有枯斑，易早落。生育期推迟，花芽分化不良，萌芽晚，萌发率低；果实成熟晚，含糖量低，品质下降。

2.发生原因

（1）土壤本身有效磷不足，特别是酸性土壤或碱性土壤中，磷易被固定，降低了磷的有效性。

（2）土壤熟化程度低，有机质含量低，气温较低易缺磷。

（3）长期不施有机肥或磷肥，偏施氮肥也会加重缺磷。

3.防治方法

（1）主要从土壤中补给，基施腐熟有机肥或磷肥（30~40千克/亩）。

（2）如出现暂时性的缺素现象，可进行叶面喷布3%~5%的过磷酸钙浸出液。

（3）中耕排水，提高地温，促进葡萄根对磷的吸收。

葡萄缺铁症状及防治技术

1. 发生特点

葡萄缺铁时叶片失绿由上向下发生，与缺镁相比，成龄叶叶缘上翘，叶面呈下凹形。新叶脉间失绿，初期全叶(除叶脉外)失绿均匀，先呈淡绿色，逐渐成为黄绿色到黄色，最后发展至整叶呈淡黄或白色，但叶脉仍保持绿色。叶片有坏死斑出现，似灼烧状，最后干枯死亡。坐果减少，果实着色浅，粒小。

2. 发生原因

（1）在盐碱土或钙质土中，土壤偏碱性而板结。

（2）铁呈不溶性，从而被固定不能被根吸收，而且铁在植株内移动性较差，所以，黏土，地势低洼，排水不畅，冷凉的土壤易发生缺铁。

3. 防治方法

（1）应增施绿肥、有机肥等，保持土壤湿润；合理灌水、排水。

（2）用0.3%~0.5%的硫酸亚铁溶液叶面喷施或浇灌根部土壤。

（3）土壤盐碱较重可多施有机肥或酸性肥料。

葡萄酸腐病及防治技术

葡萄酸腐病是一种二次侵染病害。病原菌为醋酸细菌、酵母菌、多种真菌从伤口侵染。病害发生程度与管理水平和方法关系很大。 葡萄酸腐病近几年在中国已成为葡萄的重要病害。

1. 发病症状

一是烂果，即发现有腐烂的果粒，如果是套袋葡萄，在果袋的下方有一片深色的湿润(习惯称为尿袋)；二是有类似于粉红色的小蝇子出现在烂果穗周围；三是有醋酸味；四是正在腐烂、流汁液的烂果，在果实内可以看到白色的小蛆；五是果粒腐烂后，腐烂的汁液流出，会造成汁液流过的地方(果实、果梗、穗轴等)腐烂；六是果粒腐烂后，果粒干枯，干枯的果粒只是果实的果皮和种子。

2. 病原

果蝇幼虫等。

3. 发病规律

通常是由醋酸细菌、酵母菌、多种真菌、果蝇幼虫等多种微生物混合引起的。酸腐病属于二次侵染病害。首先是由于伤口的存在，从而成为真菌和细菌存活和繁殖的初始因素，并且引诱醋蝇来产卵。醋蝇身上有细菌的存在，爬行、产卵的过程中传播细菌。引起酸腐病的真菌是酵母菌。首先有伤口，而后醋蝇在伤口处产卵并同时传播细菌，醋蝇卵孵化、幼虫取食同时造成腐烂，之后醋蝇指数增长，引起病害的流行。

品种的混合种植，尤其是不同成熟期

的品种混合种植，能增加酸腐病的发生。

机械损伤或病害造成的伤口容易引来病菌和醋蝇，从而造成发病。

雨水、喷灌和浇灌等造成空气湿度过大、叶片过密、果穗周围和果穗内的高湿度会加重酸腐病的发生和危害。

4.防治方法

（1）发病重的地区选栽抗病品种，尽量避免在同一果园种植不同成熟期的品种。

（2）葡萄园要经常检查，发现病粒及时摘除，集中深埋；增加果园的通透性、合理密植；在葡萄成熟期不能灌溉。

（3）合理使用或不使用激素类药物，避免果皮伤害和裂果;合理疏粒;避免果穗过紧；合理用肥料，尤其避免过量使用氮肥等。